MANTRAILING FÜR EINSTEIGER

VOM TRAIL-AZUBI ZUM MANTRAILER

(Foto: Harmke Horst)

Harmke Horst

MANTRAILING FÜR EINSTEIGER

VOM TRAIL-AZUBI ZUM MANTRAILER

CADMOS

Autorin und Verlag haben den Inhalt dieses Buches mit großer Sorgfalt und nach bestem Wissen und Gewissen zusammengestellt. Für eventuelle Schäden an Mensch und Tier, die als Folge von Handlungen und/oder gefassten Beschlüssen aufgrund der gegebenen Informationen entstehen, kann dennoch keine Haftung übernommen werden.

IMPRESSUM

CADMOS im CADMOS Verlag

unveränderter Nachdruck 2022

Titelgestaltung und Layout: ravenstein2.de
Satz: Pinkhouse Design, 1140 Wien
Fotos: Harmke Horst
Titelbild: Madeleine Franck
Abbildungen: Harmke Horst,
Pinkhouse Design, www.fotolia.de
Lektorat: Maren Müller

Druck und Bindung: www.graspo.com

Deutsche Nationalbibliothek – CIP-Einheitsaufnahme
Die Deutsche Nationalbibliothek verzeichnet diese Publikation in der Deutschen Nationalbibliografie; detaillierte bibliografische Daten sind im Internet über http://dnb.ddb.de abrufbar.

Printed in EU

ISBN: 978-3-8404-2042-9

INHALT

(Foto: Harmke Horst)

(Foto: Harmke Horst)

VORWORT: FASZINATION MANTRAILING

Meine beiden Schäferhündinnen und mich hat die Leidenschaft für das Mantrailing vollends gepackt. Die gemeinsame Suche nach der Versteckperson bereitet uns auch nach vielen Jahren noch große Freude. Denn hier wird Teamarbeit großgeschrieben, und auch die Kommunikation zwischen Mensch und Hund verändert sich – sie wird einfach besser!

Mantrailing können Sie fast an jedem Ort und mit jedem Hund erleben – egal ob Dackel oder Dogge, Welpe oder Senior. Natürlich sind die Übungseinheiten für Welpen kurz und leicht gehalten, und für Senioren, die schon das eine oder andere Wehwehchen haben, wird die Länge des Trails reduziert, aber Spaß am Trailen haben sie alle.

Besonders gefällt mir beim Trailen, dass man sich immer wieder neuen Herausforderungen stellen kann, sodass es nie langweilig wird. Egal ob Sie Mantrailing als Hobby betreiben oder später einmal in die Ernstfallsuche wechseln möchten, dieses Buch bietet Ihnen für beide Alternativen eine fundierte Trainingsgrundlage. Da Mantrailing wie gesagt immer und in mehrfacher Hinsicht Teamarbeit ist, sollten Sie sich jedoch zusätzlich zu dieser Lektüre Unterstützung von einem Trainer holen.

Ich wünsche Ihnen nun viel Freude beim Eintauchen in die faszinierende Welt des Mantrailing und hoffe, Sie und Ihren Hund für das Trailen begeistern zu können.

Harmke Horst

(Foto: Harmke Horst)

(Foto: Harmke Horst)

EINFÜHRUNG

Wie so oft gibt es auch beim Mantrailing einige theoretische Grundlagen, um die man vor dem Einstieg in die Praxis nicht herumkommt. Diese werden hier kurz erläutert. Alle weiteren nötigen Erklärungen erfolgen jedoch erst an der Stelle, wo sie im Zusammenhang mit der Praxis wichtig sind.

Worum genau geht es beim Mantrailing? Der Hund sucht gemeinsam mit seinem Hundeführer einen bestimmten Menschen, indem er anhand eines individuellen Geruchsartikels, den er am Startpunkt berochen hat, dessen spezifische Geruchsspur verfolgt. Im Gegensatz zur Fährtenarbeit sucht der Hund nicht nach sogenannten Bodenverletzungen, sondern orientiert sich an menschlichen Geruchspartikeln, die sich sowohl am Boden als auch in der Luft befinden sowie an Gegenständen anhaften können.

Der Hund trägt dabei ein Geschirr, an dem eine lange Leine (5 bis 8 Meter) befestigt ist, die die Verbindung zum Menschen herstellt. Am Ende des Trails soll der Hund die gesuchte Person (im Training Versteckperson genannt) durch ein bestimmtes Verhalten – zum Beispiel Hinsetzen – anzeigen. Für den erfolgreichen Fund erhält er eine Belohnung, anfangs durch die Versteckperson und später auch durch den Hundeführer.

Kurz gesagt ist Mantrailing das gemeinsame Verfolgen einer individuellen menschlichen Spur anhand eines Geruchsartikels.

Die Beteiligten

Mantrailing ist immer Teamwork, das wurde bereits gesagt. Gemeint ist damit nicht nur das Zusammenspiel zwischen Hundeführer und Hund, wenngleich auf diesem Team das Hauptaugenmerk liegt. Auch alle anderen Anwesenden haben ihre Aufgaben, die von „nicht im Weg herumstehen" bis hin zu „aufmerksam beobachten, um dem trailenden Team anschließend wertvolles Feedback geben zu können" reichen. Im Folgenden werden alle Beteiligten kurz vorgestellt.

TEAM AUS HUNDEFÜHRER UND HUND

Im Lauf des Trainings sollen Hundeführer und Hund immer mehr zu einem Team zusammenwachsen. Besonders wichtig ist dabei der Aufbau von gegenseitigem Vertrauen und einer verlässlichen Kommunikation. Der Hundeführer lernt, seinen Hund und dessen Körpersprache genau zu lesen und dem Hund zu vertrauen, wenn dieser sicher abbiegt. Und der Hund lernt, seinem Hundeführer wirklich deutlich zu signalisieren, dass er auf der Spur ist, und diese Spur dann auch zielstrebig zu verfolgen.

FLANKER/TRAINER

Das Team aus Hundeführer und Hund wird immer von einem sogenannten Flanker (der meistens auch der Trainer ist) begleitet. Dieser hilft bei der Ausbildung des Teams, liest ebenfalls die Körpersprache des Hundes und warnt das Team vor Gefahren wie beispielsweise vor Autos. Außerdem legt er, natürlich mithilfe einer weiteren Person, die zu suchende Spur. Dabei sollte jede Spur nicht einfach irgendwie gelegt, sondern im Hinblick auf ein vorher besprochenes Trainingsziel ausgewählt werden.

GRUPPE/BEGLEITER

Die Hundeführer, die gerade nicht selbst mit Trailen an der Reihe sind, bilden die Gruppe, die das Mantrailingteam als Beobachter begleitet, um diesem anschließend wichtiges Feedback zum Trailverlauf geben zu können. Auch sie sollten die Umgebung im Blick behalten und das Team vor möglichen Gefahren warnen. Gleichzeit müssen alle Gruppenmitglieder lernen, dem Team weder den Weg zu versperren noch den richtigen Weg durch die Körpersprache zu verraten. Die Begleiter sollen sich am Start und unterwegs also immer möglichst neutral verhalten.

VERSTECKPERSON

Diese Person wird manchmal auch Runner, Opfer oder Rabbit genannt. Von der Versteckperson wird ein von ihr getragenes Kleidungsstück – zum Beispiel ein T-Shirt – als Geruchsartikel benötigt. Weil dieser anfangs auf dem Boden landet, sollte es nicht gerade das Lieblingsshirt sein. Besonders zu Beginn der Ausbildung hat die Versteckperson eine wichtige Aufgabe, weil sie das Team aktiv in der Konditionierungsphase unterstützt.

Das Equipment

Was man neben Geschirr und Leine noch alles zum Trailen braucht, ist von Team zu Team unterschiedlich und wird sich im Trainingsverlauf herausstellen. Ein Rucksack oder eine Bauchtasche sind auf jeden Fall empfehlenswert, denn darin lassen sich prima Wasser und ein geeignetes Wasserbehältnis für den Hund, der Geruchsartikel sowie die Belohnung (Futter oder Spielzeug) aufbewahren. Zusätzlich benötigt man einige Kotbeutel und für den Fall der Fälle kann ein kleines Erste-Hilfe-Set nicht schaden. Eine Warnweste sollte ebenso zur Ausstattung gehören. Wer bei Dunkelheit trailt, muss darüber hinaus an die entsprechende Beleuchtung denken.

GESCHIRR UND LEINE

Oberstes Gebot beim Trailen ist, dass sich Hundeführer und Hund wohlfühlen. Daher sollte man bei der Auswahl von Leine und Geschirr ruhig unterschiedliches Material testen, um eine individuelle Entscheidung treffen zu können.

Beim Mantrailinggeschirr sollte man unbedingt darauf achten, dass es gut auf

Die Grundausstattung zum Trailen: Leine und Geschirr, Bauchtasche, Belohnung, Wasser, Warnweste, Kotbeutel, Erste-Hilfe-Set, Geruchsartikel und Geruchsartikeltüte. (Foto: Harmke Horst)

die Körpermaße und den Typ des Hundes abgestimmt ist. Es darf nirgendwo einschneiden, muss den Druck gut verteilen und dem Hund möglichst viel Bewegungsfreiheit gewähren. DAS empfehlenswerte Geschirr für alle Hunde gibt es nicht. Bei sehr schmalen Hunden bieten sich mehrfach verstellbare Geschirre (aus Leder) an, die sich gut anpassen lassen. Bei eher hibbeligen Hunden sind zudem Geschirre sinnvoll, die man einfach nur über den Kopf des Hundes ziehen und mit einem Klick verschließen kann, sodass nur wenige Handgriffe nötig sind. Allerdings passt diese Art von Geschirr nicht jedem Hund, denn so mancher kommt ebenso leicht wieder aus dem Geschirr heraus, wie er hineingeschlüpft ist.

Die Trailleine – oft unter dem Namen Schleppleine zu finden – sollte zwischen 5 und 8 Metern lang sein. Ob eine gummierte Leine, eine aus Leder oder eine aus Biothane® die richtige ist, muss jeder Hundeführer für sich herausfinden. Zu Beginn sollte man eine nicht allzu lange Leine wählen. Sie ist leichter zu handhaben, wenn man mit mehreren neuen Dingen zugleich beschäftigt ist.

Bei besonders kräftigen oder schnellen sowie bei sehr stürmischen Hunden empfiehlt sich zudem das Tragen von Handschuhen, um die Reibung der Leine etwas abzumildern. Besonders gut eignen sich Modelle, die die Fingerkuppen frei lassen, weil man hier die Leine weiterhin zwischen Daumen und Zeigefinger laufen lassen kann und somit ein besseres Gefühl für die Kommunikation über die Leine hat.

SICHERHEITSAUSRÜSTUNG

Die Sicherheit beim Trailen ist bei jeder Trainingseinheit ein wichtiger Aspekt, aber gerade in der dunklen Jahreszeit kommt entsprechenden Sicherheitsvorkehrungen eine besondere Bedeutung zu. Der Hund sollte bei Dunkelheit zusätzlich zum Geschirr eine Hundewarnweste und/oder ein Leuchthalsband tragen. Und auch der Hundeführer ist mit einer Warnweste für andere Verkehrsteilnehmer besser zu sehen.

Wenn die Straßenbeleuchtung nicht ausreichend ist, muss man für zusätzliche Lichtquellen sorgen. Es gibt Geschirre mit integrierten Leuchtmodulen und welche, an denen sich prima Leuchtmittel befestigen lassen. Außerdem kann der Hundeführer eine Kopflampe tragen, wobei er allerdings darauf achten muss, weder den Hund noch die begleitende Gruppe zu blenden. Die Begleiter können selbstverständlich auch mit Taschenlampen Licht ins Dunkel bringen.

Kleine Checkliste für die Grundausstattung

- *Leine und Geschirr*
- *Bauchtasche oder Rucksack*
- *Box mit Futterbelohnung oder ein Spielzeug*
- *Wasser und Wassernapf (z. B. faltbar)*
- *Kotbeutel*

BELOHNUNG

Ein Trail endet immer damit, dass der Hund eine tolle Belohnung erhält. Je nach Hundetyp kann es sich dabei um eine Futterbelohnung oder auch um eine Spielzeugbelohnung handeln, wobei sich Ersteres bei Einsteigerteams als die praktikablere Variante herausgestellt hat. Zum einen kann man Futterbelohnungen besser dosieren und so mehrere kleine Trainingseinheiten belohnen. Zum anderen fahren manche Hunde bei einer Spielzeugbelohnung allzu sehr hoch und haben anschließend Schwierigkeiten, sich auf die nächste Einheit zu konzentrieren.

Für die Aufbewahrung der Futterbelohnung bieten sich kleine Klappboxen aus Kunststoff an. Der Inhalt sollte einem Jackpot gleichen, also etwas Außergewöhnliches sein, was der Hund nicht so oft erhält. Klein geschnittene Fleischwurst, Bockwurst oder Käsewürfel sind gut zu portionieren. Aber auch ein Leberwurst-Frischkäse-Mix eignet sich, denn er lässt sich toll aus der Kunststoffbox schlecken. Ein Vorteil von Futter zum Schlecken ist, dass der Hund länger davon hat und so seine Belohnung für das erfolgreiche Auffinden der Versteckperson richtig genießen kann. Perfekt geeignet ist daher auch eine Futtertube mit leckerer Füllung. Natürlich kann man die Belohnung variieren, und wenn es mal schnell gehen muss oder auf Seminaren, wo man weniger gute Kühlmöglichkeiten hat, ist fertig verpacktes Nassfutter eine gute Alternative. Über diese besondere Abwechslung freuen sich gerade Hunde, die im Alltag Trockenfutter bekommen. Wenn Sie barfen, können Sie auch einen Mix aus dem normalen Barfplan verwenden. Hierbei sollten Sie ebenfalls darauf achten, dass es sich um eine geliebte Leckerei wie zum Beispiel Fisch handelt.

Die Belohnung sollte immer etwas ganz Besonderes für den Hund sein. (Foto: Harmke Horst)

Wenn Sie als Belohnung ein Spielzeug wählen, sollte dieses etwas ganz Spezielles sein, das dem Hund nicht ständig im Alltag zur Verfügung steht. Wie die Futterbelohnung sollte auch das Spielzeug einem Jackpot gleichkommen. Eine Spielzeugbelohnung ist besonders für Hunde geeignet, die keine Futterbelohnung annehmen.

WASSERVERSORGUNG

Manche Hunde trinken bereits vor dem Trail Wasser, andere erst am Ende. Später, wenn Sie schon längere Trails trainieren, und gerade bei heißem Wetter, wird Wasser auch mal unterwegs benötigt. Einige Hunde lieben es zudem, wenn man ihnen während des Trailens zwischendurch die Nase befeuchtet. Daher sollten Sie immer Wasser und ein geeignetes Gefäß wie einen faltbaren Reisenapf bei sich haben.

Rund um den menschlichen Geruch

Die Themen Geruch, Individualgeruch und Geruchsartikel spielen beim Mantrailen eine herausragende Rolle. Denn gerade Letzterer ist ein Abgrenzungsmerkmal zur Fährten- oder auch Flächensuche. Mithilfe des Geruchsartikels erhält der Hund den Referenzgeruch der zu suchenden Person. Diesen Geruch nennt man Individualgeruch.

Schematische Darstellung der möglichen Verteilung des Individualgeruchs eines Menschen. (Abbildung: Fotolia/Herby, Bearbeitung: Pinkhouse Design)

DER INDIVIDUALGERUCH

Als Individualgeruch wird der einmalige Geruch jedes einzelnen Menschen bezeichnet. Ein Hund kann jedem Menschen seinen speziellen Geruch zuordnen und anhand dieses Geruchs genau diesen einen Menschen suchen.

Jederzeit – ob im Sitzen, im Stehen oder im Gehen – verlieren wir sogenannte Geruchspartikel beziehungsweise Hautschuppen. Diese schweben zuerst und beginnen dann, in der Umgebung kleben zu bleiben. Deswegen unterscheidet man schwebende und klebende Geruchspartikel. Es gibt Hunde, die sich eher an den einen und solche, die sich eher an den anderen Partikeln orientieren, manchmal wird auch zwischen den beiden Arten gewechselt. Dies ist unter anderem ein Grund dafür, warum ein Hund beim Mantrailing mal mit hoher und mal mit tiefer Nase sucht. Jeder Hund entwickelt für sich eine Technik, wann er sich wie und wo am besten den Geruch holt.

Die unterschiedlichen Individualgerüche vermischen und überlagern sich natürlich, wenn mehrere Menschen am gleichen Ort unterwegs sind. Um nachvollziehen zu können, wie ein Hund den gesuchten Geruch dennoch verfolgen kann, stellen Sie sich am besten vor, jedem Menschen wäre Konfetti in einer jeweils einmaligen Farbe zugeordnet, und dieses ganz besondere Konfetti hätte zudem eine Pfeilform. Denn der Hund kann nicht nur die richtige Spur verfolgen (den Trail), sondern er weiß darüber hinaus, in welche Richtung sie verläuft.

DAS GERUCHSBAND

Die Geruchspartikel, die ein Mensch auf seinem Weg verteilt, kann man sich auch wie ein Band vorstellen, das an den Seiten manchmal ein wenig ausfranst und ab und zu sogar ein wenig löchrig ist. Der Hund (und damit auch sein Hundeführer) fühlt sich meistens am sichersten, wenn er mitten in diesem Geruchsband läuft. Dieses kann sich durch Verwehungen durchaus mal ein wenig weiter von der ursprünglichen Spur wegbewegen. Aber je länger man trailt, desto eindeutiger erkennt man, wenn der Hund sich inmitten des Geruchsbandes befindet.

Auf längeren Trails kann es übrigens vorkommen, dass der Hund bewusst aus diesem Geruchsband heraustaucht – die Spur also verlässt – und dann wieder hineintaucht. Damit macht er sich „die Nase frei", um die Spur wieder besser wahrnehmen zu können. Um das nachzuvollziehen, denken Sie daran, wie es ist, wenn Sie sich längere Zeit in einem miefigen Raum aufhalten. Sie nehmen den schlechten Geruch irgendwann gar nicht mehr wahr. Verlassen Sie diesen Raum jedoch kurz und kehren anschließend zurück, riechen Sie den Mief wieder.

DIE GERUCHSSPUR

Die folgende Abbildung verdeutlicht noch einmal schematisch, wie sich verschiedene und in unterschiedliche Richtungen gehende Spuren überlagern. Selbstverständlich können an einem Ort von einer

Schematische Darstellung sich überlagernder menschlicher Spuren. (Abbildung: Harmke Horst)

einzigen Person mehrere Spuren vorhanden sein – ältere und frischere. Für Einsteigerteams sollte man deshalb unbedingt darauf achten, dass sich im zu durchsuchenden Gebiet wirklich nur eine Spur der gesuchten Person befindet. Der Hund soll nämlich unter anderem lernen, immer die frischste Spur der Versteckperson zu suchen. Dies lernt er am besten, wenn zu Beginn tatsächlich nur eine Spur da ist und erst später gezielt weitere Spuren hinzukommen (siehe Abschnitt „Spurüberlagerungen der Versteckperson") – nur so hat der Mensch auch die Kontrolle über den Lernprozess.

DER GERUCHSARTIKEL

Als Geruchsartikel können die unterschiedlichsten Dinge verwendet werden. Dabei wird zwischen weichen und harten Geruchsartikeln unterschieden. Als weiche Geruchsartikel werden, wie der Name schon sagt, weiche Dinge bezeichnet, etwa Stoff. Sie „saugen" sehr viele Geruchspartikel auf. Am besten funktioniert das natürlich, wenn sie direkt am Körper getragen werden. Kleidungsstücke wie T-Shirts oder im Winter Mützen eigenen sich daher hervorragend als weiche Geruchsartikel. Einsteiger sollten zunächst mit solchen weichen Dingen arbeiten, bevor dem Hund mit fortschreitender Ausbildung auch harte Geruchsartikel präsentiert werden können.

Gern wird auch Gaze zur Herstellung von weichen Geruchsartikeln verwendet. Dabei handelt es sich um einen leichten, halbdurchsichtigen Stoff, der unter anderem in der Medizin als Auflage für Wunden verwendet wird und den man in Apotheken steril verpackt kaufen kann. Zur Herstellung eines frischen Geruchsartikels aus Gaze sollte die Versteckperson diese mindestens 20 Minuten lang direkt am Körper tragen, damit ein entsprechendes Geruchsbild für den Hund entsteht. Es reicht nicht, wie es im Trailalltag leider häufig zu erleben ist, dass die Gaze nur kurz über die Stirn gezogen wird und anschließend gleich in der Geruchsartikeltüte verschwindet. Auf den Punkt gebracht: Der Geruchsartikel ist einer der wichtigsten Bestandteile beim Mantrailing, und daher sollte man mit diesem immer sehr sorgfältig umgehen.

Harte Geruchsartikel sind Dinge, die keine Bestandteile aus Stoff oder Ähnlichem haben, sondern eine harte Oberfläche, also Beispielsweise ein Kugelschreiber oder eine Haarspange. An harten Geruchsartikeln haftet der Vergleichsgeruch meist weniger als an weichen.

KONTAMINATION

Sobald ein Geruchsartikel nicht ausschließlich von der Versteckperson verwendet beziehungsweise berührt wurde, sondern von einer oder mehreren weiteren Personen, ist er mit anderen menschlichen Gerüchen kontaminiert. Da jeder Mensch ständig eigene Geruchspartikel verliert, sollte man, um eine ungewollte Kontamination zu vermeiden, beim Umgang mit Geruchsartikeln immer Einweghandschuhe tragen und sich möglichst nicht über die Geruchsartikeltüte beugen.

Im Verlauf des Trainings lernt der Hund, mit einer möglichst großen Bandbreite an unterschiedlichsten weichen und harten sowie kontaminierten und nicht kontaminierten Geruchsartikeln zu arbeiten, damit er sowohl mit viel als auch mit wenig Vergleichsgeruch zurechtkommt und trotz Kontamination der richtigen Spur folgt. So wird Ihr Hund beispielsweise sehr bald schon verstanden haben, dass er nie jemanden suchen muss, der mit am Startpunkt steht.

Hinweis: Grundsätzlich sollten Sie Ihrem Hund den bestmöglichen, reinsten Geruchsartikel präsentieren, also den, der ihm das umfassendste Geruchsbild vermittelt. Vergessen Sie aber nicht, auch mit schwierigen und außergewöhnlichen Geruchsartikeln zu trainieren, denn nicht immer ist der perfekte Artikel zur Hand. Geruchsartikel können sein:

- T-Shirt
- Mütze
- Stofftaschentuch
- frische Gaze
- Geldbörse (aus Leder)
- Schlüsselbund
- Handy
- Taschenmesser

Hundecharaktere

Oft werde ich gefragt, ob man mit jedem Hund trailen kann, und die Antwort lautet, wie ich anfangs schon erwähnte: grundsätzlich ja. Natürlich gibt es Ausnahmen, also Hunde, denen Nasenarbeit keine Freude macht, aber solche Abneigungen sind ganz individuell und haben nicht unbedingt etwas mit der Rasse zu tun. Wenn Sie sich nicht sicher sind, ob Ihr Hund trailen möchte, probieren Sie es doch einfach aus.

Hunde haben ganz unterschiedliche Charaktermerkmale, was sich auch beim Mantrailing zeigt. Es gibt beispielsweise forsche, selbstbewusste, pöbelnde, ängstliche, zurückhaltende, eigenmotivierte und fremdmotivierte Hundepersönlichkeiten und noch viele mehr. An dieser Stelle möchte ich auf die Besonderheiten von vier Hundetypen in Bezug auf das Mantrailing näher eingehen, nämlich auf ängstliche Hunde, auf solche, die zum Pöbeln neigen, auf eigenmotivierte und auf fremdmotivierte.

Bei einem sehr ängstlichen Hund ist es sinnvoll, anfangs mit einer Versteckperson zu trainieren, die der Hund bereits aus seinem sozialen Umfeld gut kennt. Es ist

Auch Hunde, die einen Maulkorb tragen müssen, können trailen. Es sollte nur ein luftiges Modell sein. (Foto: Harmke Horst)

auch möglich, ihn zu Beginn sein Frauchen/Herrchen suchen zu lassen. Ein toller Nebeneffekt des Trailtrainings ist, dass ängstliche Hunde dabei häufig an Selbstbewusstsein gewinnen. Diese Erkenntnis hat unter anderem zur Entstehung des Thera-Trailens beigetragen – hier wird das Trailen gezielt als Therapie genutzt.

Bei Hunden, die zum Pöbeln neigen, ist es hingegen sehr wichtig, dass gerade die Versteckperson sich mit dieser Art von Hunden auskennt. Denn nur so kann sie einen zu stürmischen Hund entsprechend handhaben und den Hundeführer dabei unterstützen, dieses Verhalten zu unterbinden.

Ein eher fremdmotivierter Hund sucht die Spur für sein Frauchen/Herrchen oder für die Belohnung am Ende des Trails. Ein eigenmotivierter Hund sucht die Spur, weil er einfach gern Spuren sucht. Er empfindet also allein das Finden der Spur als belohnend und würde wohl auch dann suchen, wenn es am Ende keine Belohnung gäbe, wobei er diese durchaus gern annimmt. Letztlich ist es jedoch nicht so wichtig, aus welcher Motivation heraus die Spur gesucht wird. Spaß macht es beiden Typen von Hunden.

Die Trailumgebung sollte von Zeit zu Zeit gewechselt werden. (Foto: Harmke Horst)

Trainingsumgebung

Wählen Sie zu Beginn grundsätzlich eine eher ruhige Trainingsumgebung aus. Eine Waldgegend ist für die ersten Trailversuche in der Regel günstig. Es sollte möglichst wenig Ablenkung vorhanden sein, damit sich das Mensch-Hund-Team gut auf seine Aufgabe konzentrieren und in Ruhe arbeiten kann. Außerdem ist es wichtig, dass es ausreichend geeignete Versteckmöglichkeiten gibt. Anfangs bieten sich einzelne Bäume an, hinter denen die Versteckperson Position beziehen kann. Schon bald sollte man in den Trail auch kleine Abzweigungen einbauen, damit der Hund früh lernt, dass es nicht immer nur geradeaus geht. Wenn Sie mit einem Jagdhund trailen wollen, ist ein Waldgebiet aufgrund der vielen Wildspuren möglicherweise nicht die richtige Umgebung für den Einstieg. Der Hund könnte sich zu stark von den tierischen Spuren ablenken lassen. In diesem Fall sollten Sie die ersten Trainingseinheiten in eine sehr ruhige Wohngegend verlegen.

Es spielt keine entscheidende Rolle, ob Sie mit dem Trailen auf Waldboden oder auf Asphalt beginnen. Achten Sie nur darauf, dass der Hund im Lauf seiner Ausbildung verschiedene Untergründe kennenlernt, also beispielsweise auch Wiesenflächen. Gleiches gilt natürlich generell für die Umgebung – sowohl Stadt- als auch Waldgebiete sollten zum Repertoire Ihres Hundes gehören.

Anfangs sollten sich Umgebung und Untergrund während des gesamten Trailverlaufs nicht verändern. Bei fortgeschritteneren Hunden werden hingegen Wechsel eingebaut. So kann der Start in einem Wohngebiet liegen, dann führt der Trail durch ein Waldstück und schließlich endet er in einem belebteren Stadtgebiet.

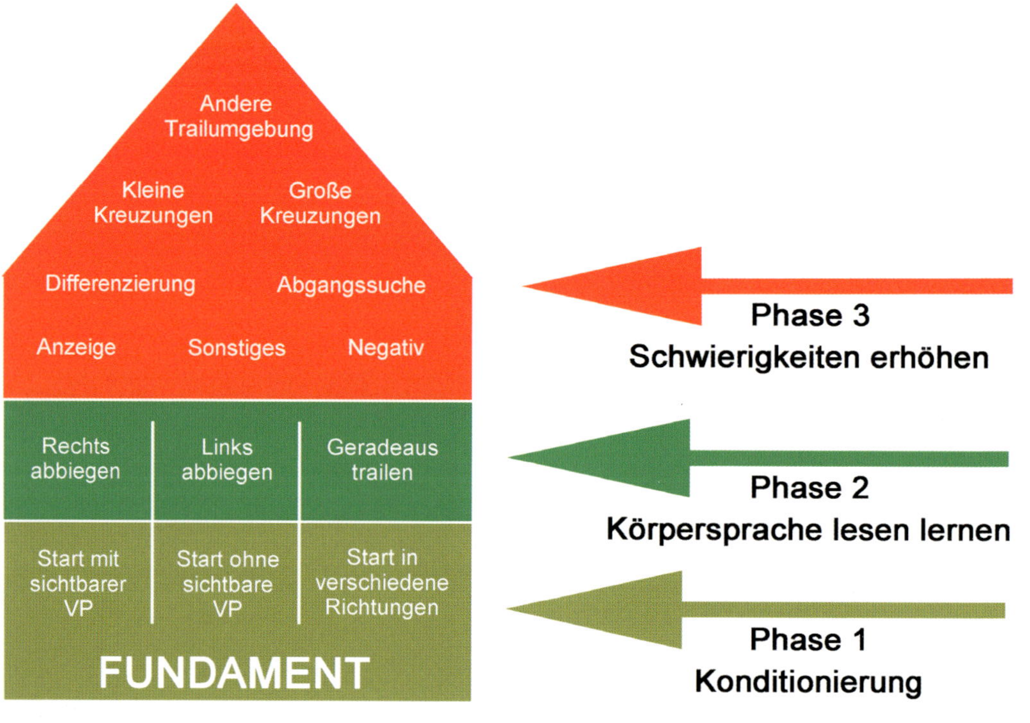

Das Mantrailinghaus zeigt die drei Phasen des Trailtrainings. (Abbildung: Harmke Horst)

Trainingsziele und Trainingsstruktur

Um Ihnen vorab einen Überblick über den Trainingsverlauf zu verschaffen und Ihnen damit auch eine Trainingsstruktur an die Hand zu geben, habe ich das „Mantrailinghaus" entwickelt. Denn beim Mantrailing gibt es bestimmte Trainingsbestandteile, die wie bei einem Haus das Fundament bilden. Weitere Bausteine werden später wie die Grundmauern möglichst in einer festgelegten Reihenfolge daraufgesetzt. Und schließlich gibt es noch Bausteine, die Raum für Individualität lassen und je nach Situation und in beliebiger Reihenfolge erlernt werden können.

Wie beim Hausbau kommt auch beim Trailen dem soliden Fundament eine große Bedeutung zu. Dieses Fundament bildet der Start (kakifarben dargestellt), auf den daher im Folgenden sehr detailliert eingegangen wird. Es ist äußerst wichtig, bei diesem Teil der Ausbildung einer festen Struktur zu folgen und nicht zu schnell vorzugehen. Die Konditionierung auf den menschlichen Individualgeruch muss wirklich sorgfältig vorgenommen werden. Vielleicht erscheinen Ihnen diese ersten Ausbildungsschritte recht langwierig, aber halten Sie durch, Ihre Mühe wird sich später auf jeden Fall auszahlen.

In der zweiten Phase geht es primär darum, die Körpersprache des Hundes richtig lesen zu lernen: Wie verändern sich beim Rechts- und Linksabbiegen die Körperhaltung, die Körperspannung, aber auch der Leinenzug verglichen mit dem, was Sie sehen und spüren, wenn der Hund geradeaus läuft? Der Hund selbst soll in dieser Phase lernen, dass sein Hundeführer ihm umso mehr vertraut, je eindeutiger er den Spurverlauf anzeigt. Auch diese Grundbausteine (in Grün dargestellt), sollten sehr strukturiert erarbeite werden.

Bei der letzten und zeitlich am längsten dauernden dritten Phase ist die Reihenfolge der einzelnen Trainingsbausteine (in Rot dargestellt) nicht mehr ganz so entscheidend. Man kann sich hier individuell nach seinem Hund richten, wobei man kleine Kreuzungen logischerweise vor großen Kreuzungen trainieren sollte. Ob man aber davor oder danach die Trainingsumgebung verändert, zuerst ein Negativ und dann die Differenzierung übt oder umgekehrt, kann jeder für sich entscheiden.

Training für alle Fälle

Mit dieser Art des Trainingsaufbaus erzielen Sie eine gut durchdachte und sorgfältige Ausbildung, die es Ihnen erlaubt, später frei zu entscheiden, ob Mantrailing für Sie ein fantastisches Hobby bleiben soll oder Sie sich vorstellen können, in die Ernstfallsuche zu wechseln.

(Foto: Harmke Horst)

DER START

Anders als bei zahlreichen anderen Hundesportarten kommt der Startphase beim Mantrailing eine ganz besondere Bedeutung zu. Viele Prüfungen im Hundesport, beispielsweise eine Begleithundeprüfung oder auch eine Obedienceprüfung, kann man auch dann noch gut bestehen, wenn man am Anfang Fehler macht. Beim Mantrailing ist das jedoch anders: Wenn der Start nicht sicher oder vielleicht sogar überhaupt nicht funktioniert, kann der Hund auch die restliche Spur nicht finden. Daher lege ich in diesem Buch und selbstverständlich auch generell im Training sehr viel Wert auf alles, was mit dem Start zusammenhängt.

Gerade Einsteiger sollten sich intensiv mit dem Erarbeiten eines sicheren Starts befassen. Zu Beginn des Trainings, in der sogenannten Konditionierungsphase, lernt der Hund, seine der des Menschen weitaus überlegene Nase dazu einzusetzen, die Spur einer bestimmten Person (im Training ist das die Versteckperson) vom Startpunkt bis zu ihrem Ende (in der Regel das Auffinden der Versteckperson) gezielt zu verfolgen. Die dazu benötigten Verhaltensweisen sollen ritualisiert werden. Hierfür ist es erforderlich, dass am Start in der immer gleichen Reihenfolge bestimmte Dinge durchgeführt werden. So entsteht ein Startritual.

Das Startritual

Ein wichtiger Bestandteil des Startrituals ist das Startkommando. Bevor Sie das erste Mal mit Ihrem Hund zum Startpunkt gehen, sollten Sie sich hierfür also ein geeignetes Wort überlegen und dabei Folgendes beachten:

- Das gewählte Kommando darf noch nicht für andere Aktivitäten verwendet worden sein.
- Es sollte sich nicht um ein häufig im Alltag verwendetes Wort handeln.
- Es sollte ein Kommando sein, das Sie ab sofort exklusiv am Start verwenden.
- Sie sollten sich das Kommando gut merken können.

Möglichkeiten für Startkommandos gibt es viele. Häufig wird „Trail" genommen. Gut eignen sich generell anderssprachige Wörter wie „Go", „Search" oder „Chercher", da sie bei uns im Alltag kaum vorkommen. Falls Sie wissen, dass Sie unter Anspannung gestresst klingen, sollten Sie ein Kommando wählen, das sich nur schwer anders als mit einem freundlichen Tonfall aussprechen lässt, etwa „Skubidu" oder „Simsalabim".

Nachdem Sie sich für Ihr persönliches Startkommando entschieden haben, können Sie sich auf den Weg zum Startpunkt machen. Hier kommt es nun vor allem darauf an, Ruhe zu bewahren. Das ist gar nicht so einfach, denn auch wenn ein ruhiger Ort ausgewählt wurde, ist die Situation bei den ersten Starts doch ungewohnt und aufregend. Schließlich möchte man alles richtig machen und trainiert zudem in einer Gruppe, was bedeutet, dass man recht viele Zuschauer hat. Es ist daher wichtig, dass Sie sich gerade für Ihre ersten Starts genügend Zeit und Raum nehmen. Sollten Sie das Gefühl haben, dass die Gruppe der Beobachter Ihnen und Ihrem Hund zu nah steht oder sogar den Weg versperrt, fordern Sie diese auf, ein wenig zur Seite zu gehen.

Im folgenden Kasten finden Sie die einzelnen Schritte des kompletten Startrituals. Sollten Sie zu aufgeregt sein, um diese bei den ersten Malen ohne Hilfe in der richtigen Reihenfolge durchzuführen, bitten Sie den Trainer/Flanker, Ihnen das Ritual Schritt für Schritt zu soufflieren.

Das Startritual in Kürze

- *Den Hund am Halsband zum Startpunkt führen.*
- *Der Versteckperson die Belohnung übergeben.*
- *Das Suchgeschirr anlegen.*
- *Die Trailleine am Geschirr befestigen.*
- *Den Hund am Geruchsartikel riechen lassen.*
- *Das Startkommando zur Suche geben.*

Und los geht die Suche!

Schon bald werden Sie auf diese Weise genügend Sicherheit erlangt haben, um allein zurechtzukommen.

Der erste Start mit sichtbarer Versteckperson

Es gibt unterschiedlichste Möglichkeiten zum Antrailen eines Hundes – auf Sicht, ohne Sicht, dafür aber mit Geruchsträgern auf dem Boden, die dem Hund die Spur verdeutlichen, und noch einige weitere. Ich bevorzuge das Antrailen auf Sicht, auch wenn oft kritisiert wird, dass der Hund hier nur mit den Augen sucht. Das stimmt zumindest teilweise, denn anfangs ist es tatsächlich ein Mix aus Schauen und Riechen, aber das ändert sich bald. Bedenken Sie, dass Hundeaugen eine weitaus geringere Tiefenschärfe als Menschenaugen haben. Allein deshalb kann der Hund, sobald sich die Versteckperson etwas weiter entfernt, ohnehin nicht vom Start aus sehen, wo genau sie nach rechts oder links verschwunden ist, sondern er muss seine Nase einsetzen, um sie zu finden.

Bei den ersten Trails geht es darum, die Verknüpfung zwischen dem menschlichen Geruch (Geruchsartikel) und der dazugehörigen Person mithilfe von Belohnungen herzustellen. (Foto: Harmke Horst)

Mit diesem Vorwissen kann es mit dem ersten Trail losgehen. Schnappen Sie sich Ihr Equipment, und führen Sie Ihren Hund am Halsband zum Startpunkt, dann geht es mit den folgenden Schritten weiter:

1. Sie oder Ihr Flanker besprechen kurz mit der Versteckperson, wo diese sich nach circa 30 Metern hinter einem Busch oder Baum verstecken soll. Dann geben Sie der Versteckperson die Belohnung.
2. Sie legen Ihrem Hund das Suchgeschirr an.
3. Sie befestigen die Trailleine am Geschirr und rollen sie auf, damit Sie sich nicht verheddern.
4. Nun wedelt die Versteckperson ein wenig mit dem nach ihr riechenden Geruchsartikel und legt ihn dann mit etwas Abstand zu Ihrem Hund auf den Boden.
5. Anschließend öffnet die Versteckperson die Belohnungsdose und macht sich damit schnurstracks auf den Weg ins Versteck.
6. Sobald die Versteckperson verschwunden ist, lassen Sie Ihren Hund starten. Dabei sollte er über den Geruchsartikel laufen, um den Geruch der Versteckperson aufzunehmen. Beim Überlaufen des Geruchsartikels sagen Sie das Wort „Riechen". Sollte Ihr Hund versuchen auszuweichen, lenken Sie ihn leicht in Richtung Geruchsartikel, zeigen mit dem Finger darauf und sagen dann „Riechen".
7. Direkt im Anschluss erfolgt das Startkommando.
8. Nun machen Sie sich gemeinsam mit Ihrem Hund an die Verfolgung der Versteckperson. Geben Sie ihm dabei genügend Leine, damit er vorauslaufen kann.
9. Bei der Versteckperson angekommen, wird eine „Party" gefeiert. Sie und die Versteckperson freuen sich tierisch über das Finden, und der Hund erhält von der Versteckperson das erste Drittel seiner Belohnung.
10. Anschließend halten Sie Ihren Hund fest, und die Versteckperson verschwindet erneut nach 20 bis 30 Metern in ein Versteck rechts oder links am Wegrand.
11. Sie geben diesmal nicht das dem Startkommado – dieses ist allein dem eigentlichen Start in Verbindung mit dem Geruchsartikel vorbehalten – sondern schicken Ihren Hund mit den Worten „Wo ist sie hin?" wieder los. Achten Sie dabei auf einen motivierenden Tonfall.
12. Wenn Sie erneut bei der Versteckperson angekommen sind, gibt es wieder eine „Party", bei der sich alle Beteiligten freuen und der Hund das zweite Drittel Futter aus der Belohnungsdose erhält.
13. Anschließend verschwindet die Versteckperson ein letztes Mal in ein Versteck am Wegesrand.
14. Sie und Ihr Hund folgen erneut, wie unter Punkt 11 beschrieben.
15. Bei der Versteckperson angekommen ist die Freude wieder groß, und der Hund erhält die restliche Belohnung.

Das Anziehen des Suchgeschirrs ist Teil des Startrituals. (Foto: Harmke Horst)

16. Danach nehmen Sie das Geschirr ab und bringen den Hund am Halsband zum Auto. Die „Arbeit" ist damit beendet.

Wiederholen Sie diesen Trainingsschritt einige Male, bevor Sie zum Start ohne sichtbare Versteckperson übergehen.

Falls Sie bemerken, dass Ihr Hund sehr stark aufdreht, wenn er die Versteckperson weggehen sieht, ist es an der Zeit, ihn nicht mehr zuschauen zu lassen. Das gilt auch, wenn Sie den ersten Schritt nur wenig trainiert haben. Außerdem gibt es die Möglichkeit, die Strecke zu verkürzen, auf der der Hund die Versteckperson noch sehen kann: Während er zu Beginn die weggehende Person fast bis zum Versteck sieht, wählt man den Startpunkt nun so, dass der Hund die Person nur über ein kurzes Stück im Blick hat.

Starten ohne sichtbare Versteckperson

In diesem Schritt soll der Hund nicht mehr aktiv zuschauen, wie die Versteckperson ihr Versteck aufsucht, ihr Weggehen aber noch mitbekommen. Führen Sie Ihren

Hund wieder am Halsband zum Startpunkt. Von da an ist der Ablauf wie folgt:

1. Bevor die Versteckperson in das abgesprochene Versteck geht, geben Sie ihr die Belohnung für den Hund.
2. Sie ziehen dem Hund sein Geschirr an und befestigen die Trailleine daran. Nun drehen Sie den Hund mit dem Kopf in die andere Richtung, damit er das Weggehen der Versteckperson nicht mehr unmittelbar verfolgen, sondern sich höchstens noch kurz umschauen kann. Ist er sehr aufgeregt, können Sie mit ihm auch ganz außer Sicht gehen, etwa hinter ein Auto oder einen Baum.
3. Wenn Sie bereit sind, startet die Versteckperson. Auf ihrem Weg lässt sie mit einigem Abstand (so weit, dass der Hund nicht von allein drankommt) den Geruchsartikel fallen.
4. Sobald die Versteckperson im Versteck ist, signalisiert Ihnen der Flanker, dass Sie losgehen können. Nun drehen Sie Ihren Hund wieder zurück in die richtige Startrichtung.
5. Dann vollenden Sie Ihr Startritual, indem Sie Ihren Hund am Geruchsartikel riechen lassen und ihm anschließend das Startkommando geben.
6. Jetzt verfolgen Sie gemeinsam den Trail.
7. Bei der Versteckperson angekommen, ist es wieder Zeit für eine „Party", bei der sich alle überschwänglich freuen und der Hund von der Versteckperson ein Drittel seiner Belohnung erhält.
8. Wie im vorigen Abschnitt beschrieben, verschwindet die Versteckperson anschließend ein zweites und dann noch ein drittes Mal.
9. Nach dem dritten Durchgang wird das Geschirr ausgezogen, womit die „Arbeit" klar beendet ist.

Nach einigen Wiederholungen des beschriebenen Vorgehens können Sie überprüfen, ob Ihr Hund seine Aufgabe „Suche anhand des Geruchsartikels die dazugehörige Spur und folge ihr zielstrebig von A nach B" verstanden hat. Das klappt am besten mit einer Person, die der Hund nicht kennt und noch nie gesehen hat. Diese fremde Person versteckt

Fördern, aber nicht überfordern!

Bitte achten Sie darauf, ob Ihr Hund während des Trainings sogenannte Übersprungshandlungen zeigt, etwa indem er sich kratzt oder über seine Lefzen leckt. Diese Verhaltensweisen können Anzeichen für Überforderung sein. Ignorieren Sie sie nicht, sondern finden Sie die genaue Ursache für die Unsicherheit Ihres Hundes heraus – vielleicht sind Sie zu schnell vorgegangen, die gestellte Aufgabe ist noch zu schwer, die Umgebung ist zu ablenkungsreich oder … Wenn Sie die Ursache kennen, können Sie Ihr Training entsprechend anpassen. Schließlich soll für alle der Spaß im Vordergrund stehen!

sich also, bevor der Hund aus dem Auto geholt wird und Kontakt zu ihr aufnehmen könnte.

Geruchsaufnahme aus der Plastiktüte

Bis jetzt hat die Versteckperson den Geruchsartikel immer direkt auf dem Boden platziert. Zukünftig soll er dem Hund aber in einer Plastiktüte präsentiert werden. Dazu verstaut die Versteckperson den Geruchsartikel in einer zirka 3 bis 6 Liter fassenden Plastiktüte und übergibt diese dem Hundeführer.

Im weiteren Trainingsverlauf werden Ihnen die unterschiedlichsten Tüten für Geruchsartikel unterkommen. Zu Beginn ist es aber wichtig, eine Tüte mit mindestens 3 Litern Fassungsvermögen zu wählen, damit zum einen ein großer Stoffartikel wie ein T-Shirt gut hineinpasst und zum anderen die Hundenase immer noch genügend Platz zum Anriechen hat. Mitgebrachte Geruchsartikeltüten lassen sich übrigens gut mit einem Tütenclip verschließen, denn ein fester Knoten kann am Start eher zu Stress führen, da er sich oft nur schwer wieder öffnen lässt.

Für Einsteiger sollte die Geruchsartikeltüte nicht zu klein gewählt werden. (Foto: Harmke Horst)

Die anfangs eher große Tüte können Sie nach dem Start ruhig einem der Begleiter übergeben. Dieser muss nur darauf achten, dass sie gut verschlossen ist und der Hund nicht immer wieder Zugang zu dem enthaltenen Geruchsartikel hat. Erfahrenere Hunde kommen auch mit kleineren Geruchsartikeln und Tüten zurecht, die man gut in der Bauchtasche oder im Rucksack verstauen und so selbst transportieren kann.

Sobald Sie mit in Tüten verpackten Geruchsartikeln arbeiten, werden Sie verstehen, warum es sinnvoll ist, am Start zwei Kommandos zu verwenden. Erst sagen Sie „Riechen", um Ihren Hund zur Geruchsaufnahme aufzufordern. Hat er das getan, bleibt Ihnen ein wenig Zeit, um den Geruchsartikel zu verstauen oder abzugeben und dann das eigentliche Startkommando zu nennen, mit dem die Suche tatsächlich losgeht. Diese Aufteilung erweist sich im weiteren Trainingsverlauf spätestens dann als praktisch, wenn sich nach dem Anriechen die Verkehrssituation ändert und Sie mit dem Start des Trails noch einen Moment warten müssen.

Aus welcher Position Sie Ihrem Hund beim Anriechen die Tüte vor die Nase halten, ob Sie also neben, vor oder über ihm stehen, hängt von seinem Charakter ab. Meine Hündin ist am ruhigsten und konzentriertesten, wenn sie beim Anriechen zwischen meinen Beinen steht. Andere Hundetypen kann das aber auch verunsichern. Finden Sie also individuell heraus, was für Sie und Ihren Hund am besten funktioniert.

So kommt die Hundenase tiefer in die Tüte

Wenn Ihr Hund anfangs die Nase nicht gern in die Tüte stecken möchte, krempeln Sie deren oberen Rand herunter und präsentieren ihm den Geruchsartikel wie eine Banane in der geöffneten Schale. Im Lauf der Zeit krempeln Sie den Rand immer weniger herunter, sodass Ihr Hund Schritt für Schritt die Nase tiefer in die Tüte stecken muss.

Wenn das Starten und Verfolgen der Versteckperson auf die zuvor beschriebene Art sicher klappt und Ihr Hund keine Schwierigkeiten hat, den Geruch aus der Tüte aufzunehmen, ist es Zeit für den nächsten Trainingsschritt.

Starten in unterschiedliche Richtungen

Bis jetzt wurde der Hund immer in Startrichtung angesetzt, das heißt, er stand beim Start mit dem Blick in die Richtung in die die Versteckperson tatsächlich gegangen war. Ab jetzt wird in verschiedene Richtungen gestartet, das heißt, der Hund wird mal um 180 Grad gedreht aufgestellt, blickt also in die dem Spurverlauf entgegengesetzte Richtung, mal nur um 90 Grad und weiterhin natürlich auch mal in die Richtung, in die die Spur tatsächlich führt. Hier sollte so abgewechselt werden, dass für den Hund kein erkennbares Schema vorhanden ist. Gleiches gilt natürlich für den Hundeführer; auch er soll nicht immer wissen, in welche Richtung es losgeht. Ansonsten wird alles wie immer gemacht, also das ganz normale Startritual durchgeführt.

Wird der Hund das erste Mal in eine andere Richtung gestartet, kann es sein, dass er kurzzeitig irritiert ist. Lassen Sie ihm dann einfach etwas Zeit, um sich zu orientieren. Bleiben Sie selbst erst mal stehen und geben Sie ihm Leine. Die meisten Hunde drehen sich dann selbstständig in die richtige Richtung – fast wie eine Kompassnadel – und startet schließlich auf der Spur durch.

Angekommen bei der Versteckperson wird selbstverständlich wieder eine kleine „Party" gefeiert, und der Hund erhält seine Belohnung. Wenn er diese gefressen hat, wird als Signal für das Ende der „Arbeit" das Geschirr ausgezogen.

Übrigens kann man ab diesem Trainingsschritt die Länge des Trails schon etwas steigern. Auch sollte man darauf achten, dass die Versteckperson nicht immer auf der gleichen Seite zu finden ist, sondern in unregelmäßigem Wechsel mal rechts und mal links. Der Hund sollte die Versteckperson zudem nicht immer in der gleichen Position vorfinden, sondern mal stehend, mal sitzend, mal liegend, sonst merkt er sich womöglich, dass eine Versteckperson immer durch eine bestimmte Haltung gekennzeichnet ist.

Das Leinenhandling

Bis jetzt wurde das Leinenhandling während des Trailens ein wenig vernachlässigt, und das war auch beabsichtigt. Denn beim Einstieg in das Mantrailing gibt es so viele Dinge zu beachten, dass ich es anfangs nicht so wichtig finde, ob die Leine korrekt aufgerollt ist und richtig geführt wird. Selbstverständlich sollte man trotzdem versuchen die Leine zumindest irgendwie so zu halten, dass man nicht darüber fällt und auch nirgendwo hängen bleibt. Aber das richtige Leinenhandling kann man meiner Ansicht nach nur im Trainingsverlauf Stück für Stück erlernen und weiter perfektionieren.

In der Ruhe liegt die Kraft!

Es wurde schon erwähnt, wird aber häufig vergessen: Gerade in der Konditionierungsphase ist es sehr wichtig, in Ruhe zu starten und auch eine ruhige Umgebung für den Start zu wählen. Erinnern Sie sich in Ihrer Mantrailinggruppe öfter mal gegenseitig daran.

Da Sie mittlerweile bereits die ersten Schritte hinter sich haben, ist es an der Zeit, dem Umgang mit der Leine zunehmend Beachtung zu schenken.

Schließlich ist sie neben der Körpersprache ein wichtiges Kommunikationsmittel zwischen Hundeführer und Hund, gerade beim Trailen in der Dunkelheit, wenn man die vom Hund gesendeten körpersprachlichen Signale nicht mehr eindeutig erkennen kann.

Ich möchte an dieser Stelle hervorheben, dass die Leine wirklich immer der Kommunikation und niemals der Korrektur dienen sollte. Ziehen an der Leine ist also beispielsweise nicht das richtige Mittel, um den Hund vom Schnüffeln am Wegrand abzuhalten.

Bei eingespielten Teams ist die Leinenspannung, also der spürbare Zug auf der Leine, für den Hundeführer ein sehr guter Indikator dafür, ob sich der Hund gerade im Geruch befindet oder nicht. Am Anfang kann man sich allerdings noch nicht darauf verlassen, dass sich ein stark ziehender Hund tatsächlich durchgehend im Geruch bewegt. Jedes Mensch-Hund-Team muss die Kommunikation über die Leine zunächst erlernen. Welche Signale der Hund sendet, ist wieder mal

Der Hundeführer sollte aktiv mit der Leine arbeiten, indem er sie der Situation entsprechend einholt oder ausgibt. (Foto: Harmke Horst)

eine Charakterfrage. Es gibt Hunde, die generell mit mehr Zug auf der Leine und solche, die generell mit weniger Leinenspannung arbeiten.

Die Kommunikation über die Leine kann man am besten mit einem Telefonat vergleichen: Mal „spricht" der eine und der andere „hört" zu und dann umgekehrt. Je eindeutiger und klarer sich der „Sprecher" ausdrückt, und je aufmerksamer der „Zuhörer" ist, desto besser funktioniert das gegenseitige Verständnis.

Um das Leinenhandling zu trainieren, können Sie mit einem menschlichen Partner eine Trockenübung machen, bei der einer den Hundeführer und der andere den Hund spielt. Das ist auch eine prima Gelegenheit um auszuprobieren, ob Sie die Leine lieber mit rechts oder mit links führen. Mit Ihrer bevorzugten Führhand halten Sie die Leine dann so, dass Sie die Spannung spüren können, während Ihre andere Hand für das Auf- und Abrollen der Leine zuständig ist.

Generell sollten Sie lernen, die Leine bewusst je nach Situation länger oder kürzer zu führen. Wenn Sie dem Hund stattdessen immer gleich die ganze Leine geben, haben Sie als einzigen Spielraum das Einholen der Leine. Sie brauchen aber eine gewisse Flexibilität beim Längerlassen und Verkürzen, um beispielsweise den Hund während des Ausarbeitens von Bereichen aktiv unterstützen zu können, ohne dass Sie ihm jedes Mal direkt hinterhergehen müssen. Sie gehen erst mit, wenn der Hund sicher eine bestimmte Richtung einschlägt.

Mit dem Leinenhandling verhält es sich wie mit allen Dingen im Leben: Es ist noch kein Meister vom Himmel gefallen. Aber wenn Sie stetig daran arbeiten, Ihre Geschicklichkeit und Ihr Gespür im Umgang mit der Leine zu verfeinern, werden Sie im Zuge dessen auch Stück für Stück die Kommunikation mit Ihrem Hund verbessern.

Die Körpersprache des Hundes lesen lernen

Wie bereits erwähnt, spielt beim Mantrailing neben dem korrekten Leinenhandling auch die Körpersprache des Hundes eine bedeutende Rolle. Als Hundeführer müssen Sie daher lernen, die Signale Ihres Hundes zu lesen und richtig einzuordnen. Ähnlich wie bei der Kommunikation über die Leine muss andererseits aber auch der Hund lernen, eindeutige körpersprachliche Signale zu senden.

An der Körpersprache lässt sich zum Beispiel erkennen, ob sich der Hund im Geruch, also direkt auf der Spur, befindet, oder ob er gerade nur wenig oder gar keinen Geruch mehr wahrnimmt. Die entsprechenden Signale sollten Sie genau kennen. Außerdem sollten Sie an der Körperhaltung Ihres Hundes ablesen können, ob er weiter geradeauslaufen wird (der Gang wirkt dann gut ausbalanciert) oder ob in Kürze ein Richtungswechsel nach links oder rechts bevorsteht.

Um die Körpersprache des Hundes richtig zu lesen, müssen Sie auf viele Einzelheiten achten, etwa auf die Stellung der Ohren und der Rute, aber auch auf die gesamte Körperspannung und die Form der Rückenlinie. All das sind wichtige Anhaltspunkte. Darüber hinaus gibt es noch das sogenannte Querstellen, was Hunde tun, wenn sie beispielsweise in eine bestimmte Richtung nicht mehr weitergehen möchten. In den Kapiteln „Rechts, links, geradeaus?“, „Straßenüberquerungen“ und „Ausarbeiten von Kreuzungen“ werde ich näher auf die Körpersprache eingehen.

Bereits beim Start dreht der Hund seinen Köper in die Richtung, in die er laufen will. (Foto: Harmke Horst)

Überlagerte Spuren der Versteckperson

Bis jetzt wurde dem Hund immer nur eine einzige Spur der Versteckperson präsentiert. Denn nur so kann man anfangs sichergehen, dass er tatsächlich diese frische Spur sucht. Wenn der Hund dies eindeutig erkennbar tut, ist die Konditionierungsphase abgeschlossen. Ab diesem Zeitpunkt sollten Sie beginnen ihm beizubringen, auch bei mehreren vorhandenen Spuren der Versteckperson immer der frischesten Spur zu folgen.

Für einen ersten Übungstrail kann die Versteckperson beispielsweise an einer T-Kreuzung zunächst einmal nach rechts abbiegen und dann auf einem anderen Weg zurück zum Startpunkt kommen. Nach einiger Zeit geht die Versteckperson erneut los, biegt an der gleichen T-Kreuzung nach links ab und versteckt sich im Anschluss wie gewohnt.

Beim ersten Mal sollte der Hundeführer wissen, wo die frischeste Spur verläuft. Nur so kann er vermeiden, dass sein Hund der älteren Spur zu weit folgt.

Wenn Sie bei einem solchen Übungstrail mit Ihrem Hund an der T-Kreuzung mit den beiden unterschiedlich alten Spuren der Versteckperson angelangt sind, können mehrere Dinge passieren:

1. Der Hund biegt zielstrebig ab und verfolgt dann weiter die richtige Spur. In dem Fall sollten Sie ihm folgen und ihn mit einem „Gut“ kurz loben.

2. Der Hund orientiert sich erst an der älteren Spur, schwenkt dann aber um zur frischesten Spur und folgt dieser anschließend sicher. Auch dann können Sie Ihren Hund kurz loben.
3. Der Hund orientiert sich an der älteren Spur und möchte sie verfolgen. In diesem Fall sollte Sie zuerst langsamer werden, und wenn der Hund auch dann nicht von allein umdreht, können Sie sogar stehen bleiben. Findet er daraufhin von allein die frischeste Spur, ist alles prima (das Loben nicht vergessen). Kommt er nicht auf die richtige Idee, können Sie sich ein wenig in Richtung der frischesten Spur bewegen und ihm so ein bisschen auf die Sprünge helfen. Das ist meiner Ansicht nach nicht geschummelt, sondern lediglich eine Möglichkeit, das richtige Verhalten zu formen. Sucht der Hund nach dieser kleinen Hilfe zielstrebig weiter, sollten Sie ihn dafür loben.

Es gibt also Hunde, die bereits ab dem ersten Versuch sicher die frischeste Spur finden. Aber auch diejenigen, die es nicht auf Anhieb schaffen, brauchen meist nicht lange, bis sie diese Aufgabe problemlos bewältigen können. Wichtig ist wie bei allen Trainingseinheiten im Mantrailing, dass man nicht zu viel auf einmal übt, sondern jeden Lernschritt gut festigt, bevor man den nächsten in Angriff nimmt. Oberste Priorität hat immer, dass Sie für sich und Ihren Hund das richtige Maß finden, bei dem weder Unter- noch Überforderung stattfindet.

Die Entdeckungsrunde

Diese auch Perimeter (abgeleitet von dem griechischen Wort „peri", das „um etwas herum" bedeutet) genannte Runde wird vor dem Start durchgeführt und dient dazu, den Hund mit der Umgebung des Startpunktes und den dort vorhandenen Gerüchen vertraut zu machen. Gerade sehr hibbeligen Hunden kann sie helfen, sich ein wenig zu beruhigen.

Für die Entdeckungsrunde zieht man dem Hund schon einmal das Geschirr an. Dann macht man gemeinsam mit ihm einen Rundgang, wobei man ihn am Halsband führt und die Umgebung in alle Richtungen, in die später auch die Spur abgehen könnte, erkundet. Anschließend kehrt man zum Startpunkt zurück, schnallt die Leine auf das Geschirr um, präsentiert dem Hund den Geruchsartikel, und von da an geht es wie gewohnt weiter.

Ich selbst bringe meinen Hunden bei, wie eine Entdeckungsrunde funktioniert, führe diese aber nicht bei jedem Start durch, sondern nur dann, wenn ich es in der jeweiligen Umgebung für sinnvoll halte.

(Foto: Harmke Horst)

DIE ANZEIGE UND WEITERFÜHRENDE ÜBUNGEN

Das Training einer Anzeige ist ein Aspekt des Mantrailings, der im Lauf der Zeit immer wichtiger wird. Schließlich soll der Hund lernen, die zu dem ihm gereichten Geruchsartikel passende Person eindeutig anzuzeigen. Fortgeschrittene Hunde können das auch dann, wenn nicht nur diese Person am Ende der Spurt wartet, sondern sich im näheren Umfeld noch weitere Personen aufhalten. In diesem Fall spricht man von einer Differenzierung. Bevor Sie sich mit Ihrem Hund allerdings an diese schwierigere Aufgabe wagen, sollte die Anzeige in den unterschiedlichsten Auffindesituationen – zum Beispiel mit einer sitzenden, stehenden, dem Hund zugewandten oder abgewandten Versteckperson – sicher und zuverlässig funktionieren.

Das eigentliche Training der Anzeige beginne ich grundsätzlich erst, wenn die Konditionierungsphase abgeschlossen ist. Vorher soll der Hund sich einfach „nur" über das Auffinden freuen. Wenn man jedoch einmal begonnen hat, die Anzeige gezielt zu üben, ist es wichtig darauf zu achten, dass das entsprechende Verhalten von da an immer zuverlässiger gezeigt wird. Natürlich kann es zwischendurch vorkommen, dass mal etwas nicht klappt. Dann sollte man den Hund unterstützen, um die gewünschte Handlung herbeizuführen. Durch Wiederholung wird sich das Anzeigeverhalten stetig weiter festigen.

Das gewünschte Anzeigeverhalten formen

Zuerst müssen Sie sich überlegen, auf welche Weise Ihr Hund die Versteckperson anzeigen soll. Hier gibt es die unterschiedlichsten Möglichkeiten. Der Hund kann sich hinsetzen oder hinlegen, er kann bellen, die Person anspringen oder eine sogenannten stille Anzeige machen. Ich persönlich bevorzuge ein Sitz oder die stille Anzeige (der Hund geht zuletzt zu der gesuchten Person, dreht sich dann um und setzt sich anschließend vor mich hin), da ich immer davon ausgehen muss, auch mal jemanden zu finden, der nicht so einen guten Draht zu Hunden hat oder gar verletzt ist. Je unaufdringlicher mein Hund dann ist, desto besser. Eine Anzeige ohne Bellen finde ich zudem auch deshalb angenehmer, weil man oft in der Stadt trainiert. Generell sollte aber jedes Team für sich herausfinden, welche Anzeige ihm am besten liegt.

Es gibt Hunde – gerade solche, die im Erwachsenenalter das Trailen erlernen –, die von sich aus eine Anzeige anbieten. Häufig ist das ein aus Gewohnheit gezeigtes Sitz. Falls Ihr Hund das tut, müssen Sie dieses Verhalten nur noch jedes Mal bestärken, wenn er es bei der Versteckperson zeigt, indem Sie ihm erst dann Zugang zu seiner Belohnung gewähren, wenn er sich hingesetzt hat.

Für die Hunde, die nicht von allein etwas anbieten, möchte ich nun am Beispiel der Sitz-Anzeige erklären, wie man eine Anzeige formen kann. Die Schritte 1 und 2 können Sie unabhängig vom eigentlichen Trail üben. Die anschließenden Schritte finden direkt bei der Versteckperson statt.

1. Hierfür benötigen Sie eine mit einigen Happen gefüllte Belohnungsbox. Mit dieser stellen Sie sich vor Ihren Hund und animieren ihn dazu, die Sitzposition einzunehmen, indem Sie die geschlossene Box über seinen Kopf halten. Da er zu der Box hinschauen möchte, wird sich der Hund fast automatisch setzen. Sobald er sitzt, erhält er eine kleine Belohnung aus der Box. Wiederholen Sie diese Übung mehrmals.
2. Dieser Schritt ähnelt dem vorherigen, nur dass jetzt nicht Sie die Belohnungsbox präsentieren, sondern eine andere Person. Wiederholen Sie auch diesen Schritt einige Male.
3. Erreicht der Hund beim Trailtraining die Versteckperson und zeigt dort nicht von allein die gewünschte Anzeige, nimmt die Versteckperson die Belohnungsbox aus der Tasche, sodass er sie sehen kann. Zeigt der Hund daraufhin ein Sitz, erhält er direkt die Belohnung und die Freude bei Hundeführer und Versteckperson ist besonders groß. Falls nicht, sollte die Versteckperson wie in Schritt 2 verfahren und dem Hund die Box über den Kopf halten.
4. Wenn der Hund die Versteckperson erreicht, ist die Belohnungsbox auf alle Fälle noch nicht zu sehen – sie steckt zum Beispiel in der Jackentasche. Geben Sie dem Hund nun Zeit, sich von allein zu setzen. Erst wenn er sitzt, holt die

Versteckperson die Belohnung aus der Tasche. Kennt Ihr Hund das Kommando „Sitz“, können Sie es anfangs unterstützend verwenden. Auch diesen Schritt sollten Sie öfter durchführen, bevor Sie zum folgenden Schritt übergehen.

5. Ihr Hund sollte sich in diesem Schritt bereits zuverlässig von allein vor die Versteckperson setzen. Hat er das getan, fragen Sie ihn: „Bist Du Dir sicher?“ Bleibt der Hund daraufhin sitzen, bekommt er sofort die Belohnung. Steht er auf, weisen Sie ihn an, sich wieder hinzusetzen. Erst im Sitz erhält er dann die Belohnung.

Tipp: Achten Sie darauf, dass der Hund möglichst die gesamte Belohnungszeit sitzend verbringt, denn so festigt sich die Anzeige meistens am schnellsten.

Die wichtige Rolle der Versteckperson

Selbst wenn die Anzeige bei der Versteckperson schon zuverlässig funktioniert, ist es sehr wichtig, dass der Belohnungsvorgang weiterhin richtig ausgeführt wird. Schludert man hingegen dabei, etwa indem die Versteckperson die Belohnungsbox schon herausholt, bevor der Hund richtig angezeigt hat, kann die bis dahin gut funktionierende Anzeige wieder wackelig werden.

Aber nicht nur das frühzeitige Präsentieren der Belohnungsbox kann zu Schwierigkeiten führen. Die Versteckperson spielt insgesamt eine entscheidende Rolle bei der Ausbildung eines Mantrailers, und sie muss auf einiges achten, um ihre verantwortungsvolle Aufgabe zu erfüllen. So darf sie beispielsweise ihr Versteck keinesfalls verlassen, denn damit würde sie in anderen Bereichen zusätzliche Spuren legen, von denen der Flanker nichts weiß. Dieser könnte dann entsprechende Verhaltensweisen des Hundes fehlinterpretieren.

Die Versteckperson sollte sich zudem bei Eintreffen des Hundes möglichst neutral verhalten – also weder den Hund durch Blicke einladen noch abweisen.

Ein Buch oder eine Zeitung ist gut geeignet, um der Versteckperson die Zeit

Anfangs unterstützt die Versteckperson aktiv das Formen des gewünschten Anzeigeverhaltens. (Foto: Harmke Horst)

bis zum Eintreffen des Hundes mit Lesen zu vertreiben. Allerdings muss man darauf achten, dass der Hund nicht das Buch mit der Versteckperson verknüpft und irgendwann denkt, dass nur lesende Personen Versteckpersonen sein können. Hier muss daher ebenso variiert werden wie bei der Position, in der der Hund die Versteckperson findet. Mögliche Positionen der Versteckperson sind:

- dem Hund zugewandt sitzend
- vom Hund abgewandt sitzend
- auf dem Boden sitzend
- erhöht sitzend, etwa auf einem Stuhl oder auch auf einer Mauer
- dem Hund zugewandt stehend
- vom Hund abgewandt stehend
- liegend
- sich leicht auf der Stelle bewegend
- langsam oder schnell weggehend
- langsam oder schnell entgegenkommend

Wann und wie oft genau man variieren muss, hängt auch von der Persönlichkeit des Hundes ab. Gerade bei eher ängstlichen Hunden sollte man bei Veränderungen nicht zu schnell vorgehen.

Die Versteckperson kann übrigens auch prima Hunden, die fremde Menschen eher gruselig finden, helfen, ihre Scheu zu überwinden. In diesem Fall sollten Sie zunächst dem Hund vertraute Personen aus dem persönlichen Umfeld verstecken. Diese wird ein ängstlicher Hund mit Sicherheit lieber suchen als völlig fremde Menschen. Die Versteckperson sollte auch in einer für den Hund möglichst gewöhnlichen Position am Ende des Trails warten, wobei die meisten ängstlichen Hunde besser mit einer stehenden als mit einer sitzenden Versteckperson zurechtkommen. Es ist außerdem günstig, wenn die Versteckperson dem Hund die Belohnung anfangs entgegenstreckt. Erst wenn er etwas mehr Sicherheit erlangt hat, kann am Körper gefüttert werden.

Auch bei pöbelnden Hunden spielt das Verhalten der Versteckperson eine wichtige Rolle. Solche Hunde müssen lernen, dass Anspringen oder Anbellen der gefundenen Person sowie forsches Stöbern nach der Belohnung unerwünscht sind. Besprechen Sie also vor der Suche wie die Versteckperson in so einem Fall

Selbstständiges Arbeiten zulassen

Denken Sie immer daran, dem Hund genügend Zeit für das Auffinden der Versteckperson zu geben. Auch wenn Sie selbst die Versteckperson bereits von Weitem gesehen haben, sollten Sie Ihrem Hund ermöglichen, den Trail in Ruhe fertig auszuarbeiten. Schließlich können Sie gar nicht sehen, wie die Spur zur Versteckperson von Ihrem derzeitigen Standpunkt aus tatsächlich verläuft. Da müssen Sie schon ganz auf die Nase des Hundes vertrauen.

eingreifen soll, etwa, indem sie den Hund mit ihrem Körper blockt oder sich beim Anspringen von ihm abwendet.

Nicht zuletzt muss die Versteckperson auch darauf achten, sich erst dann zu freuen, wenn der Hund sie zweifellos gefunden beziehungsweise eindeutig angezeigt hat.

Belohnung durch den Hundeführer

Wenn die Belohnung bei sicheren Anzeigen oft genug von der Versteckperson gegeben wurde, sollte man dazu übergehen, dass der Hundeführer das Belohnen auch mal selbst übernimmt. Das ist aus mehreren Gründen sinnvoll. Beispielsweise kann es passieren, dass die Versteckperson ihr Versteck verlassen muss und Sie Ihren Hund selbst belohnen müssen. In diesem Fall ist es gut, wenn der Hund es kennt, von seinem Hundeführer belohnt zu werden. Außerdem kann man durch wechselndes Belohnen, mal von der Versteckperson und mal vom Hundeführer, verhindern, dass der Hund am Ende der Suche unruhig wird und bei der Versteckperson aufdringlich nach der Belohnung stöbert. Er weiß dann gar nicht, wer ihn belohnt, und wird die Suche daher konzentrierter zu Ende führen. Anschließend erhält er in Ruhe seine Belohnung.

Man sollte also im Training ruhig abwechseln. Um den Hund nach den bereits beschriebenen Trainingsschritten, in denen immer die Versteckperson die Belohnung hatte, an den Wechsel zu gewöhnen, eignet sich folgender Zwischenschritt: Der Hundeführer bringt die Belohnungsbox mit und übergibt diese nach erfolgreicher Anzeige an die Versteckperson, die nun die tatsächliche Belohnung übernimmt.

Differenzierung

Im Grund differenziert der Hund bereits während der gesamten Suche. Denn er verfolgt nur eine ganz bestimmte Spur und unterscheidet diese von allen anderen, die seine Nase außerdem wahrnimmt. Das Wort Differenzierung bezeichnet beim Mantrailing aber einen bestimmten Sachverhalt, nämlich dass der Hund, wenn mehrere Personen am Ende des Trails stehen, nur die Person anzeigt, deren Geruch zu dem ihm zuvor präsentierten Geruchsartikel passt.

Da man meistens im öffentlichen Raum trailt, kann es natürlich auch ohne Vorbereitung „einfach so“ passieren, dass einen am Ende außer der Versteckperson noch weitere Personen erwarten. Wenn diese Verleitpersonen genügend Abstand – mehr als 20 Meter – zur Versteckperson haben, stellt das kein Problem dar. Vielleicht reagiert ein noch nicht so geübter

Hund kurz auf diese Personen, allerdings erkennt man ziemlich bald, dass der Hund dabei seine Augen einsetzt und nicht die Nase. In diesem Fall drosseln Sie beim Trailen einfach das Tempo oder bleiben sogar kurz stehen. Der Hund wird meist ziemlich schnell zu seiner Nasenarbeit zurückkehren und weiter nach der eigentlichen Versteckperson suchen. Durch ein „Wo geht es lang?" oder „Wo ist sie hin?" kann man ihn dabei prima unterstützen.

Schwieriger wird schon, wenn die Verleitperson tatsächlich auf dem Trail steht, also direkt im Geruch der Versteckperson. Anfangs könnte der Hund dann geneigt sein, diese Person anzuzeigen. Hier muss der Hundeführer sehr wachsam sein und möglichst vermeiden, dass es zu einer Fehlanzeige kommt. Da Sie als Hundeführer gerade in den ersten Trainingseinheiten genau wissen, wen Sie suchen, sollten Sie Ihren Hund nicht zu nah an die Verleitperson heranlassen, sondern ihn verbal zum Weiterarbeiten hinter der dieser Person animieren. Ein Ruck am Geschirr ist dabei möglichst zu vermeiden. Auch in dieser Situation gilt: In der Ruhe liegt die Kraft. Bleiben Sie mit genügend Abstand stehen und warten Sie einen Moment, bis der Hund weitertrailt. Hat er dann hinter der Verleitperson die Spur wieder in Richtung der Vesteckperson aufgenommen, können Sie Ihren Hund zusätzlich loben, beispielsweise mit einem „Guuuut!". Ist er schließlich bei der Versteckperson angekommen, wird natürlich besonders gejubelt.

Die Differenzierung kann man selbstverständlich gezielt trainieren. Am besten üben Sie sie jedoch nicht am Ende eines langen Trails, sondern separat.

ÜBUNGSAUFBAU ZUM ERLERNEN DER DIFFERENZIERUNG

Für das separate Training der Differenzierung sollte Ihr Hund die Anzeige schon sicher beherrschen. Außerdem brauchen Sie eine Versteckperson und zwei Verleitpersonen. Alle drei Personen gehen zusammen los und stellen sich nach circa 75 Metern in einer Reihe auf – anfangs mit einem Abstand von mindestens 15 Metern –, wobei vorn die Verleitpersonen stehen und die Versteckperson sich an letzter Stelle befindet. Achten Sie bei dieser Übung besonders darauf, dass der Geruchsartikel nicht von einer der Verleitpersonen kontaminiert ist. Nur so kann ein noch unerfahrener Hund diese Aufgabe fehlerfrei lösen.

Der Hund wird nun wie immer am Startpunkt angesetzt und mit seinem Startkommando auf die Suche geschickt. Interessiert er sich gleich für die erste Verleitperson, wird dies mit einem „Das glaube ich nicht, geh mal weitersuchen" kommentiert. Lässt der Hund sich davon nicht beeindrucken beziehungsweise will er sich nicht von der Verleitperson wegbewegen, so kann man ruhig mal ins Geschirr fassen und ihn ein Stück von der Person weg und in Richtung des weiteren Trailverlaufs ziehen. Dann schickt man ihn mit den Worten „Wo ist sie hin?" weiter.

Bei der Differenzierung kommt der Hund nur ans Ziel, wenn er sich ganz auf seine Nase verlässt. (Foto: Harmke Horst)

Auch bei dieser Übung ist es wichtig, dass Sie dem Hund Zeit für seine Aufgabe geben – auch wenn es uns manchmal unendlich lang vorkommt, bis der Hund das macht, was wir möchten, sind es meistens nur ein paar Sekunden. Zeigt der Hund auch Interesse an der zweiten Verleitperson, verhalten Sie sich ebenso wie bei der ersten. Es ist auch möglich, dass der Hund keinerlei Interesse an den Verleitpersonen zeigt.

In jedem Fall gibt es eine große „Freudenparty", wenn der Hund bei der Versteckperson angekommen ist. Bei dieser Übung sollte anfangs die Versteckperson das Belohnen übernehmen. Wichtig ist wieder der richtige Zeitpunkt der Bestätigung. Die Belohnungsbox darf nicht zu früh herausgeholt werden, der Hund sollte aber auch nicht zu lange warten müssen. Am einfachsten ist es, wenn der Hundeführer mit der Versteckperson ein Zeichen vereinbart, das ihr signalisiert, wann die Belohnung stattfinden soll.

Wenn man diese Übung mehrmals wiederholt, sollte die Versteckperson natürlich nicht immer die letzte der drei Personen sein. Dies würde der Hund ziemlich schnell durchschauen. Die Position muss also gewechselt werden.

Machen Sie diese Übung generell nicht zu häufig hintereinander, sondern bauen Sie sie in unregelmäßigen Abständen ins Training ein. Nach und nach können Sie dabei auch den Abstand der Verleitpersonen verringern. Damit wird die Differenzierung für den Hund schwieriger, denn die einzelnen Gerüche vermischen sich immer mehr, und er muss noch genauer arbeiten.

Bei der Vermischung von Geruch spielt übrigens auch die Zeit eine große Rolle. Je länger die Personen an einer Stelle stehen, umso größer wird der sie umgebende Geruchspool und umso mehr kann sich dieser an seinen Rändern mit dem Geruch der anderen Personen vermischen. Dies können Sie sich wieder prima mit dem Konfetti-Bild verdeutlichen. Wenn jeder Mensch permanent individuell eingefärbtes Konfetti verliert, dann häuft sich dieses dort, wo er steht, um ihn herum an, und der Haufen wird

Immer der Nase nach

Ein guter Zeitpunkt für das Einbauen einer Differenzierungsübung ist immer dann, wenn der Hund eine Phase hat, in der er vermehrt mit den Augen nach potenziellen Versteckpersonen Ausschau hält, anstatt seine Nase einzusetzen. Denn diese Übung zeigt ihm klar auf, dass er nur und ausschließlich mit der Nase zum Ziel kommt.

auch immer breiter. Zudem kann Wind das Konfetti aufwirbeln und mit dem anderer Menschen vermischen. Warten Sie also nach dem Aufstellen der Personen nicht zu lange mit der Suche des Trails und führen Sie diese Übung an einem möglichst windstillen Ort durch.

Eine weitere Übungsvariante ist es, die Verleitpersonen auf einem „normalen" Trail zu positionieren. Beispielsweise kann sich eine Person (aus der Gruppe) hinter der ersten Abbiegung und die zweite hinter der übernächsten Abbiegung aufhalten. Am Ende befindet sich natürlich die Versteckperson. So kann man üben, dass der Hund hinter einer direkt im Geruch stehenden Person weitertrailt. Er lernt dabei, dass er sich nicht auf das verlassen kann, was er sieht, sondern nur auf seine Nase vertrauen soll. Die Übung lässt sich auch so gestalten, dass mehrere Verleitpersonen (insgesamt dürfen es ruhig mehr als drei Personen sein) sowohl auf als auch neben dem Trail stehen. Bei diesem Übungsaufbau ist sehr gut zu erkennen, ob und wann der Hund auf optische Reize reagiert. Das tut er nämlich immer dann, wenn er zu Personen hinwill, die sich gar nicht im Geruchsband befinden. Bleiben Sie in dem Fall stehen, warten Sie einen Moment ab, und animieren Sie Ihren Hund dann, zurück auf die Spur zu gehen.

Splitting – aktiver Einsatz von Verleitpersonen

Auch bei dieser Übung ist eine sichere Anzeige wichtig. Nur so kann Ihr Hund Ihnen vermitteln, dass er die richtige Person gefunden hat.

Splitting bedeutet, dass mehrere Personen (die Versteckperson und mindestens eine Verleitperson) vom Startpunkt weggehen, sich bei einer Abzweigung aber trennen, beispielsweise, indem die Versteckperson und der Flanker nach rechts und die Verleitperson(en) nach links abbiegen. Mit dieser Art von Trail lässt sich überprüfen, ob der Hund wirklich dem Geruch der Versteckperson folgt oder einfach nur irgendeiner Spur, die zur ihm bekannten Gruppe gehört. Hierzu ist es wichtig, dass sich Hundeführer und Flanker, wenn sie sich auf dem Trail befinden, an der Abzweigung, an der das Splitting stattgefunden hat, wirklich neutral verhalten, um den Hund in keiner Weise – etwa durch die eigene Körpersprache – zu beeinflussen.

Manchmal ist es notwendig zu prüfen, ob der Hund sich an der Spur des Flankers orientiert. Auch in diesem Fall sollte ein Trail mit einem Splitting gelegt werden. Normalerweise bringt der Flanker die Versteckperson bis in ihr Versteck. Damit hat er aber mit seinem Geruch genau die gleiche Spur gelegt wie die Versteckperson. Einige Hunde nutzen die Spur des Flankers als Unterstützung, selbst wenn sie ihn nicht aktiv suchen (ein Hund, der aktiv nach dem Geruch des Flankers sucht, würde den Flanker am Start als gesuchte Person anzeigen). Um herauszufinden, ob ein Hund dies tut, geht der Flanker nur einen Teil des eigentlichen Trails mit, biegt aber an der letzten Abzweigung vor dem Ende des Trails nicht zusammen mit der Versteckperson ab, sondern geht in die andere Richtung. Anschließend nimmt er, wie immer, wenn dies möglich ist, einen völlig anderen Weg zurück zum Startpunkt. Vorab sollten Flanker und Versteckperson natürlich genau besprochen haben, wo sich das Versteck befindet. Nur so kann der Flanker im Trainingsprozess das Team richtig unterstützen.

Hat der Hund nach einer Verleitung die richtige Spur wieder aufgenommen, verdient er dafür ein Lob. (Foto: Harmke Horst)

Der Hundeführer schickt seinen Hund nun wie immer vom Startpunkt aus auf die Suche. An der Abzweigung mit dem Splitting gilt es, den Hund genau zu beobachten. Geht er schnurstracks auf der Spur der Versteckperson weiter? Checkt er alle möglichen Abzweigungen und entscheidet sich dann für die richtige Spur? Oder lässt er sich verleiten und will auf die Spur des Flankers wechseln? Falls Letzteres passiert, sollten Sie den Hund nicht zu weit auf der Verleitspur laufen lassen, sondern nach einigen Metern Ihre Schritte verlangsamen oder ganz stehen bleiben. Orientiert sich der Hund nun zurück auf die richtige Spur – prima. Wenn nicht, sollten Sie ihn körpersprachlich und verbal dabei unterstützen, die richtige Spur wiederzufinden. Ist ihm dies schließlich gelungen, loben Sie ihn unbedingt dafür.

Loben während des Trainings

Das Thema Loben ist für mich eine Herzensangelegenheit. Meiner Ansicht nach wird das Lob im Mantrailing zu häufig vernachlässigt, während es in vielen anderen Sparten des Hundesports eine Selbstverständlichkeit ist. Am Ende des Trails erfolgt zwar ein Lob, aber selbst das fällt im Trainingsalltag oft zunehmend kleiner aus, obwohl der Hund doch gerade eine wirklich grandiose Leistung erbracht hat. Erinnern Sie sich beim Trailen daher ruhig gegenseitig daran, die erfolgreiche Suche gebührend zu feiern.

Leider wird beim Trailen nur sehr selten unterwegs gelobt, dabei sollte man das ruhig zu den unterschiedlichsten Zeitpunkten tun. Sie können Ihren Hund zum Beispiel für einen zielstrebigen Start loben oder nach der erfolgreichen Ausarbeitung einer Schwierigkeit. Aber auch für die Wiederaufnahme der Suche nach einer Unterbrechung, etwa wenn der Hund „privat" geschnüffelt hat, ist ein Lob angebracht. Passiert das „private" Schnüffeln zu häufig, fordere ich den Hund zuerst verbal zur Weiterarbeit auf. Falls er darauf nicht reagiert, gehe ich zu ihm und führe ihn am Halsband von der für ihn interessanten Stelle weg. Niemals findet eine Korrektur durch einen Leinenzug am Geschirr statt. Sobald der Hund wie gewünscht weitertrailt, lobe ich ihn für sein richtiges Verhalten.

Je früher Sie das Loben während des Trailens einbauen, desto normaler ist es für den Hund. Haben Sie hingegen längere Zeit ohne Lob gearbeitet und fangen erst später damit an, kann es den Hund zunächst irritieren.

Generell verwende ich während des Trailens ein ruhiges, verbales Lob wie „Guuuuuut" – denn ein zu überschwängliches Lob könnte den Hund aus dem Konzept bringen oder gar dazu veranlassen, zu mir zu kommen, um sich eine Futterbelohnung zu holen, weil er diesen Ablauf aus dem Alltag kennt. Richtig loben will beim Mantrailing also gelernt sein und sollte auf das jeweilige Team abgestimmt werden.

Generalisieren

Die Festigung von Trainingsinhalten, indem sie an verschiedenen Orten und unter unterschiedlichen Bedingungen geübt werden, nennt man Generalisieren. Dieser Prozess ist beim Mantrailing sehr wichtig.

Wenn Sie bis jetzt eher im Wald und auf Wiesen getrailt haben, sollten Sie also einen Umgebungswechsel machen und auch mal in (ruhigeren) Wohngebieten trainieren. Ihr Hund hat es dort mit einer anderen Bodenbeschaffenheit zu tun und auch die Geruchsmoleküle fangen sich hier anders als beispielsweise an Bäumen. Außerdem gibt es neue Herausforderungen, etwa Zäune, die zwar eine sichtbare Barriere darstellen, den Geruch aber durchlassen. Der Hund muss lernen, dass er nicht überallhin kann, wo er Geruch empfängt. In Wohngegenden gibt es auch sogenannte Geruchsfänger, beispielsweise Einfahrten, in denen Gerüche vermehrt hängen bleiben. Ein unerfahrener Hund wird vermutlich in jede Einfahrt hineinlaufen und diese bis zur Hauswand scannen. Ein erfahrener Hund hingegen scannt Einfahrten meist nur noch mit einem Nasenzug, ohne sie zu betreten.

Mit dem Umgebungswechsel in etwas belebtere Gebiete erhöht sich auch das Maß an Ablenkung. Das Mantrailingteam trifft nun auf deutlich mehr Menschen, Autos und andere Dinge. Das hat zur Folge, dass die Leine kürzer gehalten werden muss als im Wald. Mensch und Hund müssen erst lernen, mit derartigen Situationen umzugehen, weshalb es sinnvoll sein kann, zunächst wieder etwas kürzere Trails zu legen, damit die Konzentration auf der gesamten Strecke erhalten bleiben kann.

Je sicherer das Team beim Trailen ist, desto mehr Herausforderungen können in den Trailverlauf eingebaut werden. (Foto: Harmke Horst)

Auch das Anzeigen der Versteckperson muss generalisiert werden. Im städtischen Umfeld sind die Möglichkeiten für die Auffindesituation erheblich vielfältiger, und so kann es sein, dass Ihr Hund in der neuen Umgebung Schwierigkeiten mit einer sicheren Anzeige hat. Gehen Sie dann einfach so vor, als würde Ihr Hund die Anzeige neu erlernen, und unterstützen Sie ihn zunächst bei der Ausführung.

(Foto: Harmke Horst)

WICHTIGES RUND UM TRAILVERLÄUFE UND SPUREN

In den ersten Trainingseinheiten bleibt einem oft wenig Zeit, den Hund bewusst zu beobachten. Man ist mehr damit beschäftigt, das Startritual richtig auszuführen, unterwegs nicht über die Leine zu fallen und sich riesig über das Auffinden der Versteckperson zu freuen. Nach der Konditionierungsphase ist es daher sinnvoll, sich im Training gezielt mit den körpersprachlichen Signalen des eigenen Hundes zu beschäftigen, etwa mit denen, die die Richtung anzeigen. Hierbei kann man auch gleich generell das Abbiegen üben.

Beherrschen Mensch und Hund das Abbiegen nach rechts und links, sollte im nächsten Schritt das richtige Überqueren von Straßen geübt werden. Stellt auch das kein Problem mehr dar, ist es an der Zeit, die Ausarbeitung von Kreuzungen in Angriff zu nehmen. Hierzu werden zwei Varianten vorgestellt. So vorbereitet, stellen dann auch etwas längere und komplexere Trailverläufe sicher kein Problem dar.

Schließlich geht es in diesem Kapitel noch generell um das wichtige Thema Spuren. Sie erfahren beispielsweise, wie Sie Ihrem Hund beibringen, auch ältere Spuren zu suchen, und lernen, mit weiteren Besonderheiten umzugehen, etwa damit, dass die Spur zwischendurch abreißt oder am Ende des Trails keine Versteckperson zu finden ist.

Rechts, links, geradeaus?

Die meisten Einsteiger werden sich nun fragen: Welche Signale meines Hundes zeigen mir wirklich einen Richtungswechsel an und welche bekunden nur Interesse an irgendetwas, das gar nichts mit der eigentlichen Suche zu tun hat? Um besser deuten zu können, ob der Hund „einfach nur" einen Blick nach rechts oder links wirft oder ob er tatsächlich die Richtung wechseln möchte, ist es hilfreich, nicht nur den Kopf des Hundes anzuschauen, sondern auch seine Schultern. Zeigt nur der Kopf in die andere Richtung, ist es eher nur ein Blick. Geht die Schulter mit, deutet dies meist auf einen Richtungswechsel hin.

Zur besseren Beurteilung der gesamten Körperhaltung des Hundes müssen Sie zunächst lernen, wie der Hund beim Geradeaustrailen aussieht, also dann, wenn er sich mitten im Geruchsband befindet. Betrachten Sie dazu seine Rückenlinie, die Rutenstellung, die Kopf- und Ohrenstellung (bei Schlappohrhunden ist dies nicht immer einfach), den Schulterbereich des Hundes sowie die gesamte Körperspannung. Ein Hund, der sich direkt auf einer Spur befindet, läuft ausbalanciert. Prägen Sie sich dieses Bild von Ihrem Hund gut ein.

Als Nächstes sollten Sie sich genau einprägen, wie Ihr Hund aussieht, wenn er weniger oder gar keinen Geruch mehr hat. Die meisten Hunde verlieren dann an Körperspannung und verändern ihre Ohrenstellung (vor allem bei Stehohren).

Dieser Hund ist kurz davor, sich zu drehen. Er schaut zwar noch in die ursprüngliche Richtung, aber der Körper weist keine Spannung mehr auf. (Foto: Harmke Horst)

Auch eine Veränderung der Rutenstellung kann ein guter Indikator sein.

Nun ist es Zeit für das Beobachten Ihres abbiegenden Hundes. Hierbei kommt es darauf an seine Haltung nicht nur während des Abbiegens, sondern auch davor und danach zu betrachten. Ein erfahrener Flanker kann Ihnen helfen, die oft recht kleinen Zeichen zu erkennen. Merken Sie sich genau, wie Ihr Hund beim Links- und beim Rechtsabbiegen aussieht.

Zu Übungszwecken können Sie die im Folgenden Beschriebenen Trailvariationen nutzen. Am besten wählen Sie dafür ein eher dicht bebautes, ruhiges Wohngebiet, beispielsweise eines mit vielen Reihenhäusern. Besonders gut eignen sich Gebiete, in denen die Häuser sehr nah am Gehweg stehen. Dort fängt sich möglichst viel Geruch nah an der Trailspur. Besprechen Sie vor dem Training mit Ihrem Flanker, welche körpersprachlichen Signale Sie insbesondere beobachten möchten.

Legen Sie anfangs einen Trail, der nur Abbiegungen nach rechts, oder einen, der nur Abbiegungen nach links enthält. Achten Sie jedoch darauf, kein „U" zu legen, denn hier würden Start und Ziel auf gleicher Höhe liegen, sodass der Hund bereits am Start das Ziel in der Nase hätte und die Abkürzung nehmen könnte. Sinn und Zweck dieser Trails ist es, den Hund gleich mehrmals hintereinander beim Abbiegen in die gleiche Richtung beobachten zu können. Hierbei können Sie sich nicht nur die von ihm gesendeten Signale einprägen, sondern auch an einer deutlichen Körpersprache arbeiten, indem Sie Ihren Hund für klare Zeichen loben.

Es ist bei solchen Trails sinnvoll, dass der Hundeführer genau weiß, wo die Abbiegungen kommen. Sie sollten also entweder den Trailverlauf kennen oder mit Ihrem Flanker vereinbaren, dass er Ihnen die Abbiegungen frühzeitig ankündigt.

Im weiteren Trainingsverlauf können Sie auf Trails üben, die sowohl Abbiegungen nach links als auch Abbiegungen nach rechts beinhalten. Auch hier ist es zunächst sinnvoll, wenn Sie den Trailverlauf kennen. Später können Sie bei unbekanntem Trailverlauf überprüfen, ob Sie die Signale Ihres Hundes tatsächlich richtig deuten können.

Straßenüberquerungen

Bis jetzt verliefen die Trails, ob ohne oder mit Abbiegungen, immer auf der gleichen Fußgängerseite. Nun soll der Hund lernen, auch Trailverläufen zu folgen, bei denen die Versteckperson eine Straße überquert hat. Bei den ersten Trainingseinheiten zu diesem Thema ist es wieder sinnvoll, dass der Hundeführer den Trailverlauf kennt. Nur so kann er zum einen das Verhalten und die Körpersprache des Hundes genau kennenlernen und zum anderen den Hund bestmöglich beim Erlernen der neuen Aufgabe unterstützen.

Der Übungstrail sollte in einem Wohngebiet gelegt werden und nach dem Start eine Abbiegung und anschließend eine lange Gerade beinhalten. Auf dieser Geraden legen Hundeführer und Hund circa 50 Meter zurück, überqueren dann die Straße und gehen auf der anderen Straßenseite weiter geradeaus.

Beim ersten Mal reicht eine Überquerung aus. Merken Sie sich am besten entweder die Hausnummer, auf deren Höhe Sie überqueren, oder etwas anderes Markantes, damit Sie beim Absuchen des Trails auch noch genau wissen, wo sich die Überquerung befindet. Bei den nächsten Einheiten können Sie dann auch zwei oder drei Überquerungen in einigem Abstand voneinander einbauen.

Nach der Straßenüberquerung sollte noch einmal eine Abbiegung folgen oder die Versteckperson sollte zumindest für den Hund nicht direkt zu sehen sein.

Dieser Hund zeigt deutlich, dass er die Straße überqueren möchte. (Foto: Harmke Horst)

Schließlich geht es darum, dass der Hund die Überquerung mit der Nase und nicht mit den Augen ausarbeitet.

HINWEISE FÜR DEN TRAILVERLAUF

Gestartet wird mit dem gewohnten Startritual. Nach der ersten Abbiegung, wenn Sie sich der Straßenüberquerung nähern, sollten Sie der Körpersprache Ihres Hundes besondere Aufmerksamkeit widmen, um mögliche Veränderungen zu erkennen. Vergessen Sie nicht, den ganzen Körper zu betrachten, um „nur gucken, weil da drüben irgendetwas ablenkt", vom echten Abbiegenwollen zu unterscheiden. Besonders die Neigung der Schulter ist hier ein guter Anhaltspunkt; manche Hunde legen sich sogar richtig in die Kurve oder stellen sich vollständig quer zur bisherigen Bewegungsrichtung. Diese Querstellung ist wünschenswert, denn sie ist das deutlichste Signal dafür, dass hier ein Richtungswechsel stattfinden soll.

Falls Ihr Hund schnell unterwegs oder generell recht impulsiv ist, sollten Sie etwas Tempo herausnehmen, weil es sonst sein kann, dass er über den Bereich der Überquerung hinausläuft. Wenn der

Hund die Spur verlassen hat und damit gerade weniger Geruch aufnimmt, erkennen Sie das meist daran, dass er den Kopf höher nimmt und vielleicht sogar von allein stehen bleibt. Viele Hunde bieten in der Situation sogar an, die Straße zu überqueren. Tut Ihr Hund das nicht, unterstützen Sie ihn mit der Frage: „Wo geht es lang?" und indem Sie Ihren eigenen Körper in Richtung Straßenüberquerung drehen. Bleiben Sie selbst jedoch so lange stehen, bis der Hund von allein losgeht. Geben Sie ihm dann etwas Leine und folgen Sie ihm. Gern können Sie ihn auch verbal loben. Es ist sehr wichtig, dass der Hund nach dem Stopp den ersten Schritt macht, denn nur so lernt er, die Richtung vorzugeben und sich nicht an der Richtung zu orientieren, die der Hundeführer einschlägt.

Auf der anderen Straßenseite angekommen, sollten Sie weiterhin genau auf die Körpersprache Ihres Hundes achten. Welche Signale sendet er bei der Entscheidung, wie der Trail weiter verläuft?

Ausarbeiten von Kreuzungen

Im Anschluss an das Training von Rechts- und Linksabbiegungen sowie Straßenüberquerungen sollten kleinere Kreuzungen in den Trail eingebaut werden. Ich möchte Ihnen im Folgenden zwei unterschiedliche Herangehensweisen erläutern. Es ist sinnvoll, beide auszuprobieren und dann zu entscheiden, welche einem selbst und dem Hund besser liegt. Sie können auch beide Varianten trainieren und dann je nach Situation entscheiden, wie Sie vorgehen möchten.
Grundsätzlich ist es bei der Ausarbeitung einer Kreuzung wichtig, strukturiert vorzugehen, damit man immer genau weiß, wo man schon war und wo nicht. So vermeidet man, den Hund durch zielloses Hin-und-her-Laufen zu verwirren. Es kann sinnvoll sein, die Kreuzungsarbeit zunächst „trocken" zu üben, also mit einem Menschen als Partner, der den Hund spielt, um ein Gefühl für das Leinenhandling zu bekommen.

Für die ersten Übungseinheiten wählen Sie am besten ruhige, kleinere Kreuzungen ohne Ampelanlage aus. Solche in Wohngebieten mit Tempo-30-Zone bieten sich an. Größere, belebtere Kreuzungen, eventuell sogar mit Ampelanlagen, sollten Sie erst in Angriff nehmen, wenn Sie und Ihr Hund die kleinen sicher beherrschen. Die Vorgehensweise bleibt die gleiche, man braucht nur mehr Ruhe, Zeit, Motivation und Konzentration, weil die Arbeit wegen des Verkehrs oder der Ampelschaltung häufiger unterbrochen werden muss.

Egal, für welche der später beschriebenen Varianten Sie sich entscheiden, zunächst muss der Trail gelegt werden. Die Abbildung zeigt unterschiedliche Möglichkeiten, wie ein Trail über eine Kreuzung verlaufen kann. Generell muss wieder darauf geachtet werden, variabel zu bleiben, damit kein System zu erkennen ist. Die Spur sollte also nicht grundsätzlich im gleichen Arm der Kreuzung weiterverlaufen.

Wir gehen hier von vier Kreuzungsarmen aus, aber alles, was im Folgenden erklärt wird, funktioniert auch an Kreuzungen mit weniger Armen oder an Kreiseln. Nummer eins und zwei entsprechen im Grunde genommen dem Rechts- beziehungsweise Linksabbiegen, wie es auch an einer T-Kreuzung vorkommen könnte, nur mit dem Unterschied, dass der Hund, beispielsweise durch zu schnelles Geradeauslaufen, den Richtungswechsel überlaufen könnte. Bei Nummer drei handelt es sich um normales Geradeauslaufen – allerdings könnte der Hund sich verleiten lassen, nach rechts oder links abzubiegen.

Bei diesem Trailverlauf kommt häufig die Frage auf, ob der Hund die übrigen Kreuzungsarme überhaupt abarbeiten muss, wenn er die Spur zielstrebig und eindeutig geradeaus verfolgt. Die Antwort lautet „Nein“, allerdings nur dann, wenn man weiß, dass zu Trainingszwecken lediglich diese eine frische Spur gelegt wurde. Beinhaltet das Training bei

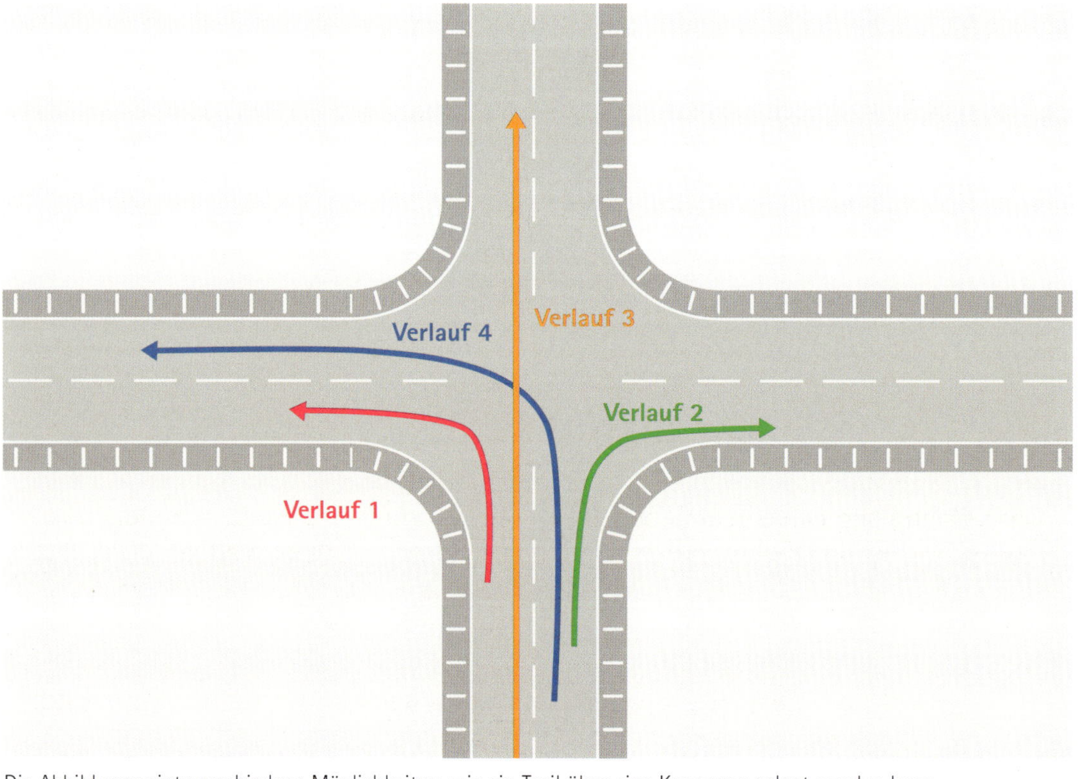

Die Abbildung zeigt verschiedene Möglichkeiten, wie ein Trail über eine Kreuzung gelegt werden kann. (Abbildung: Pinkhouse Design)

einem fortgeschritteneren Team unterschiedlich alte Spuren ist es hingegen sinnvoll, wenn der Hund die Gelegenheit erhält, alle Kreuzungsarme auf eine mögliche frischere Spur zu checken. Man sollte jedoch vermeiden, ihn aus seinem Arbeitsfluss zu nehmen. Schlägt er also sehr zielstrebig eine Richtung ein, lässt man ihn gewähren. Er könnte sonst das Gefühl bekommen, dass der Mensch alles besser weiß, was ihn frustrieren und schließlich zu unselbstständigerem Arbeiten führen würde. Hundeführer und Flanker müssen situationsabhängig entscheiden, was das beste Vorgehen ist.

Weg Nummer vier ist besonders gut für das Erlernen der Kreuzungsarbeit geeignet, denn mit diesem etwas ungewöhnlichen Spurverlauf lässt sich dem Hund am besten vermitteln, was von ihm erwartet wird.

Die Versteckperson sollte generell nach der Kreuzung noch einmal abbiegen, damit sie außer Sicht ist und ihr Geruch dem Hund nicht bereits durch den Hochwind zugetragen wird. Sie sollte aber dennoch sehr bald zu finden sein, damit der Hund nach der recht lang dauernden Ausarbeitung der Kreuzung schnell seine Belohnung erhält.

Dass Mantrailing echte Teamarbeit ist, wird beim Training von Kreuzungen besonders deutlich. Sie brauchen gerade Anfangs die Unterstützung Ihres Flankers bei der Beobachtung des Hundes, um immer im richtigen Moment loben zu können. Außerdem ist ein „Souffleur" hilfreich, der Sie unterwegs dabei untersützt, bei den Abläufen die richtige Reihenfolge einzuhalten.

TRAININGSVARIANTE 1

Wenn Sie mit Ihrem Hund auf die Kreuzung zugehen, sollten Sie zunächst die Leine verkürzen, bis Sie die Verkehrssituation einschätzen können. An der Kreuzung angekommen, können Sie diese entweder mit oder gegen den Uhrzeigersinn ausarbeiten. Bei einer vierarmigen Kreuzung müssen in der Regel alle drei möglichen Kreuzungsausgänge gecheckt werden. Verfügt die Kreuzung über Fußgängerwege rechts und links, arbeitet man jeweils beide Seiten des Fußweges aus – so kommt man auf sechs Stellen, an denen der Hund prüft, ob dort die zu verfolgende Spur verläuft.

Kommen Sie mit Ihrem Hund beispielsweise auf dem rechten Fußweg in die Kreuzung, ist es sinnvoll, gegen den Uhrzeigersinn zu arbeiten. Bleiben Sie an der Ecke stehen und schicken Sie den Hund in den rechten Kreuzungsarm, indem Sie ihm Leine geben. Verbal können Sie ihn dabei mit dem Wort „Kontrolle" unterstützen. Dies ist wieder ein Kommando, das Sie ganz nebenbei einführen können, indem Sie es zum passenden Zeitpunkt verwenden. Kommt der Hund aus dem Kreuzungsarm zurück, weil er dort keine Spur finden kann, zeigt er Ihnen ein sogenanntes weiches Negativ (Genaueres hierzu später).

Der Flanker kann Ihnen nun bestätigen, dass dort tatsächlich keine Spur ist. So haben Sie die Möglichkeit, den Hund für sein richtiges Verhalten in dieser Situation verbal zu loben. Anschließend führen Sie ihn auf die gegenüberliegende Fußgängerseite des gleichen Kreuzungsarmes. Ihr Rücken ist dabei der Mitte der Kreuzung zugewandt und Sie gehen seitwärts von einer Seite zur anderen. Wieder geben Sie dem Hund Leine, damit er diese Seite checken kann. Zeigt er nun, wie zuvor beschrieben, erneut ein weiches Negativ, das vom Flanker bestätigt wird, loben Sie ihn dafür.

Dann geht es gegen den Uhrzeigersinn weiter zum nächsten Kreuzungsarm, wo Sie wieder mit der rechten Fußgängerseite beginnen. Auf die beschriebene Weise werden alle Seiten und Kreuzungsarme gecheckt. Ziel ist, die Kreuzung mit einem flüssigen 360-Grad-Gang abzuarbeiten. Anfangs wird sicher alles noch etwas „unrund" wirken, aber je öfter Sie trainieren, desto flüssiger wird es klappen. Trifft der Hund bei der Ausarbeitung auf die Spur und verfolgt diese sicher, gehen Sie mit und loben ihn kurz. In dem Fall können Sie in Abstimmung mit dem Flanker das Checken noch übriger Arme auslassen. Haben Sie hingegen alle drei Kreuzungsarme ausgearbeitet, aber bei keinem war der Hund wirklich sicher, arbeiten Sie die Kreuzung ein zweites Mal nach dem gleichen System aus, wobei Sie etwas weiter als zuvor in die Arme hineingehen. Möglicherweise gab es am Anfang eines Kreuzungsarmes einen Spurabriss (siehe entsprechendes Kapitel), und der Hund kann die gesuchte Spur erst weiter drinnen aufnehmen.

TRAININGSVARIANTE 2

Diese Variante bietet sich besonders bei größeren Kreuzungen an, gerade bei solchen mit Ampelanlagen. Man sollte sie zuvor an kleineren Kreuzungen geübt haben.
An der Kreuzung gehen Sie zunächst eine Entdeckungsrunde. Dazu verkürzen Sie vor Erreichen der Kreuzung die Leinendistanz zu Ihrem Hund und kündigen an der Kreuzung mit einem „Warte" eine Pause an.

Wer führt wen?

Wenn Sie stehen bleiben und den Hund in einen Kreuzungsarm schicken, dürfen Sie ihm erst folgen, nachdem er klar gezeigt hat, dass er tatsächlich in diese Richtung will. Niemals sollten Sie vor dem Hund losgehen, denn damit würden Sie ihm die Richtung vorgeben.

Immer wenn Sie den Hund bei der Kreuzungsarbeit weiter als eine Leinenlänge von einem Punkt zum anderen führen, um ihn dort nach Geruch checken zu lassen, sollten Sie vom Geschirr auf das Halsband umschnallen. Dies ist für den Hund das Zeichen, dass Sie die Führung übernehmen. Erst durch erneutes Umschnallen auf das Geschirr signalisieren Sie ihm, dass er wieder in den Arbeitsmodus zurückkehren soll.

Nun brauchen Sie noch ein weiteres Kommando, das dem Hund verrät, welche Art der Kreuzungsarbeit Sie vorhaben. „Kreuzung“ oder „Kleeblatt“ bieten sich an. Nennen Sie dieses Kommando und schnallen Sie die Leine vom Geschirr auf das Halsband um. Halten Sie die Leine weiterhin recht kurz. Erkunden Sie jetzt mit Ihrem Hund die Kreuzung, indem Sie sie kleeblattförmig ablaufen, egal, ob im oder gegen den Uhrzeigersinn. Gehen Sie dabei in jeden Kreuzungsarm ein Stück weit hinein und lassen Sie den Hund quasi im Vorbeigehen checken, ob es dort Geruch gibt. Fordern Sie ihn jeweils bevor und nachdem Sie die Straße überqueren mit einem Kommando wie „Kontrolle“ dazu auf (siehe Abbildung). Wichtig: Gehen Sie so weit in die Arme hinein, dass der Hund eine reelle Chance hat, Geruch zu finden, zum Beispiel bis auf Höhe eines parkenden Autos, an dem Geruchspartikel haften könnten.

Beobachten Sie während der gesamten Entdeckungsrunde die Körpersprache Ihres Hundes und die Leinenspannung genau. Verändert sich an irgendeinem Kontrollpunkt etwas? Interessiert sich der Hund für einen Kreuzungsarm besonders? Es macht nichts, wenn Sie bei Ihrer ersten Kreuzung nicht so viel erkennen. Je mehr Routine Sie

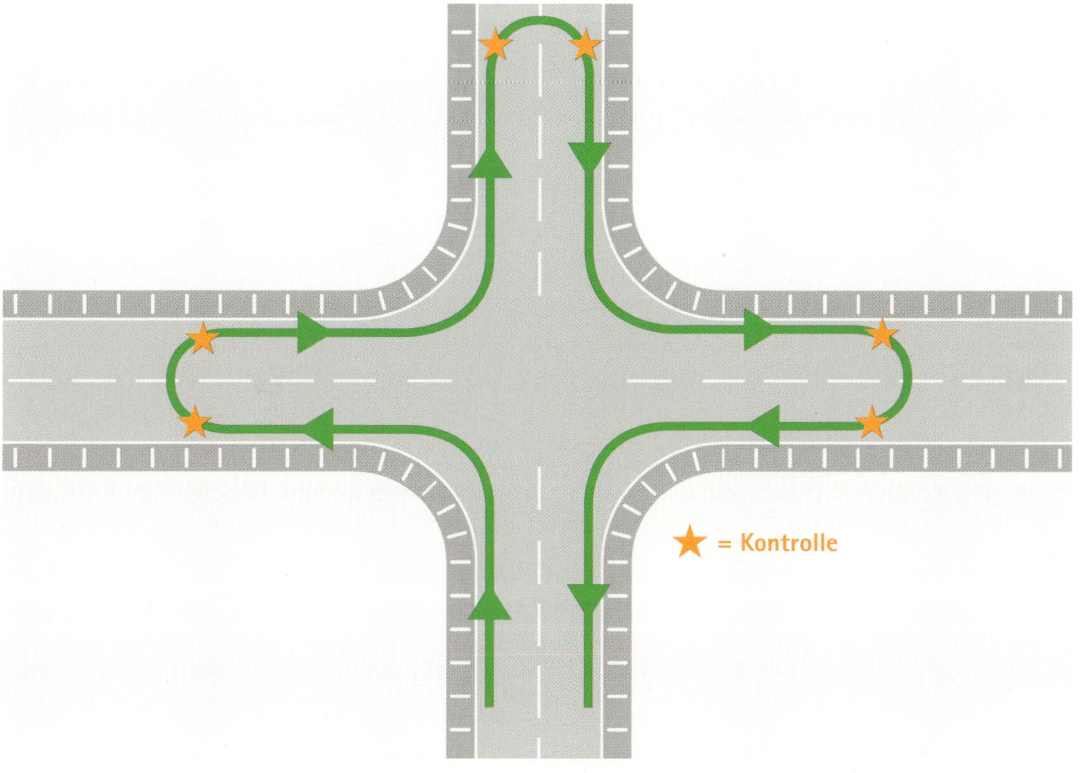

So sieht das kleeblattförmige Ausarbeiten einer Kreuzung aus. (Abbildung: Pinkhouse Design)

Der Hund wird in einen Kreuzungsarm geschickt, um dort nach der Spur zu suchen. (Foto: Harmke Horst)

bekommen, desto mehr Beobachtungen werden Sie machen können.

Zurück am Ausgangspunkt schnallen Sie die Leine wieder vom Halsband auf das Geschirr um. Dann fordern Sie den Hund zur Weitersuche auf. Achten Sie dabei unbedingt auf die Verkehrslage. Wenn der Hund auf der Erkundungsrunde die Spur bereits lokalisieren konnte, ist es gut möglich, dass er quer über die Kreuzung startet. Es kann auch sein, dass er die Spur noch nicht identifizieren konnte. In diesem Fall können Sie die Kreuzung ein weiteres Mal in Kleeblattform ablaufen, wobei Sie tiefer in die einzelnen Kreuzungsarme hineingehen. Ansonsten verfahren Sie genau wie beim ersten Mal. Zurück am Startpunkt schnallen Sie wieder auf das Geschirr um und schicken Ihren Hund erneut los. Zu Beginn ist der Ablauf bei dieser Variante der Kreuzungsarbeit meist etwas holprig, aber schon nach wenigen Trainingseinheiten wird sich Routine einstellen.

Schwierigere Trailverläufe

Egal, welche neue Schwierigkeit man trainieren will, es ist wichtig, nicht zu viel auf einmal zu verändern, sondern sich immer nur ein neues Trainingsziel zu setzen. Wollen Sie beispielsweise die Länge des Trails vergrößern, sollten Sie das in einer vertrauten Umgebung tun. Haben Sie also bisher nur im Wald und ruhigen Wohngebieten getrailt, sollten Sie Ihre erste längere Spur nicht gleich in der Großstadt üben, denn damit stünden Sie und Ihr Hund vor gleich zwei neuen Herausforderungen. Bedenken Sie in diesem Zusammenhang auch die äußeren Faktoren wie Wetter (Regen, Schnee, Sturm), besondere Hindernisse (anderer Untergrund, Brücken) oder die Menge des vorhandenen Tageslichts (ist es hell oder dunkel?). Je nach Charakter könnte sich Ihr Hund von solchen Umständen irritieren lassen.

Das jeweilige Trainingsziel sollte immer vorab mit dem Flanker/Trainer besprochen und der Trail dann entsprechend geplant werden. Dabei ist der aktuelle Trainingsstand zu berücksichtigen, sodass Mensch und Hund sich weder unter- noch überfordert fühlen. Sollten Sie den Eindruck haben, dass Ihr Hund sich auf dem Trail langweilt, ist es ganz bestimmt Zeit für eine Erhöhung des Schwierigkeitsgrades. Stellen Sie hingegen fest, dass Ihr Hund beim Trailen häufig Übersprungshandlungen wie Schlecken der Lefzen zeigt oder unterwegs oft anhält und zum Weitertrailen aufgefordert werden muss, ist die Aufgabe für ihn möglicherweise noch zu schwierig. Dann sollten Sie im Training besser einen Schritt zurückgehen oder einen Motivationstrail (siehe entsprechendes Kapitel) planen.

Denken Sie daran, neu Gelerntes durch Wiederholungen zu festigen, bevor Sie sich an die nächste Aufgabe wagen.

Suchen älterer Spuren

Sucht Ihr Hund nach zahlreichen Wiederholungen sicher frische Trails, können Sie sich auch an das Suchen älterer Spuren wagen. Beim Traillegen ist dann ein wenig Vorsicht geboten, denn je älter die Spur sein soll, desto weniger kann man von der Versteckperson erwarten, dass sie die ganze Zeit im Versteck ausharrt und auf den Hund wartet. Der Trail wird also gelegt, anschließend verlässt die Versteckperson das spätere Versteck auf einem ganz anderen Weg und zu gegebener Zeit kehrt sie dorthin zurück. Weder beim Weggehen noch beim Wiederkommen darf sie die gelegte Spur kreuzen, denn damit würde sie eine frischere Spur hinterlassen.

Erhöhen Sie das Spuralter allmählich. Anfangs reichen zwei Stunden, später kann deutlich mehr Zeit zwischen dem Legen der Spur und der Suche vergehen.

Gestartet wird mit dem normalen Startritual, wobei der Hundeführer wissen sollte, dass es sich um eine ältere Spur handelt. Der Hund könnte ein anderes Suchverhalten als bei einem ganz frischen Trail zeigen oder sogar etwas irritiert sein. Manche Hunde legen die Suche etwas breiter an, weil sich die Geruchsmoleküle anders verteilt haben, andere trailen deutlich langsamer als auf frischen Spuren, was sie oft auch dann beibehalten, wenn sie mehr Übung haben.

Lassen Sie sich und Ihrem Hund als Team Zeit, diese Herausforderung in Ruhe zu erarbeiten. Unterstützen und motivieren Sie den Hund verbal beim Trailen, wenn er unsicher ist. Durch genaues Beobachten können Sie erkennen, wie gut Ihr Hund schon mit der neuen Aufgabe umgehen kann und wann er bereit für eine weitere Erhöhung des Spuralters ist. Manche Hunde entwickeln regelrecht Ehrgeiz beim Suchen älterer Spuren und haben viel Freunde beim Meistern von derart kniffligen Herausforderungen.

Bei sehr alten Spuren kann es passieren, dass der Hund tatsächlich nichts findet. Er zeigt dann ein sogenanntes Negativ an, das später noch genauer beschrieben wird. Falls das passiert, sollten Sie Ihren Hund für sein Verhalten loben und anschließend unbedingt eine frische Spur legen und von ihm suchen lassen, damit er noch ein richtiges Erfolgserlebnis hat.

Generell sollten Sie darauf achten, variabel zu bleiben und im Wechsel mal frische und mal ältere Spuren zu trainieren.

Spurabriss

Ein Spurabriss bedeutet, dass der Hund beim Trailen nicht durchgehend Geruch vorfindet. Dieses Abreißen des Geruchs kommt nicht selten bei älteren Spuren vor, kann aber auch durch Wind, dazu später mehr, oder andere örtliche Gegebenheiten wie Brücken (hier kann der Geruch „herunterfallen") bedingt sein. Der Hund soll nun also lernen, das Geruchsende mit dem Geruchsanfang zu verknüpfen. Da Sie oder zumindest der Flanker den Trailverlauf kennen, können Sie ihn aktiv unterstützen, wenn er ein Spurende erreicht hat und nicht weiterkommt. Um das richtige Verhalten in dieser Situation zu formen, können Sie ihm anbieten, dass er ein Stück vorauslaufen soll, zu einer Stelle, an der er wieder Geruch finden müsste. Ich kommentiere das mit den Worten: „ Lass uns mal da vorn schauen." Dazu kann es nötig sein, aufs Halsband umzuschnallen, mit dem Hund gemeinsam ein ganzes Stück weiterzugehen, dann wieder aufs Geschirr umzuschnallen und ihn erneut anzusetzen. Findet der Hund hier Geruch, ist es wieder wichtig, dass Sie nicht einfach losgehen, sondern ihn zur Weitersuche auffordern, ihm Leine geben und zuerst loslaufen lassen. Findet er zunächst keinen Geruch, versuchen Sie es gemeinsam an einer anderen Stelle. Sobald Ihr Hund an die Spur anknüpft, sollten Sie ihn loben. Was bei einem Spurabriss wenig hilft, ist, dorthin zurückzugehen, wo der Hund noch Geruch hatte. Nach vorn schauen heißt hier die Devise.

Spurherausnahme

Eine Spurherausnahme findet dann statt, wenn am Ende der Spur keine Versteckperson mehr wartet, sondern der Hundeführer den Hund selbst von der Spur nimmt und belohnt. Dazu muss Ihr Hund es bereits gewohnt sein, auch von Ihnen direkt seine Belohnung zu erhalten. Spurherausnahmen bieten sich bei Trails mit älteren Spuren an, weil dann die Versteckperson wirklich nur zum Legen des Trails gebraucht wird und sich nicht später auf Umwegen erneut ins Versteck begeben muss. Außerdem kann es aus verschiedenen Gründen sein, dass die Versteckperson das Versteck vorzeitig verlassen oder der Trail aufgrund äußerer Umstände abgebrochen werden muss. Auch dann ist eine Spurherausnahme erforderlich, weshalb der Hund diese Situation auf jeden Fall kennenlernen sollte.

Es ist wichtig, den richtigen Punkt für eine Spurherausnahme zu wählen, näm-

Wartet am Ende des Trails keine Versteckperson, erfolgt die Belohnung durch den Hundeführer. (Foto: Harmke Horst)

lich eine Stelle, an der der Hund ganz sicher Geruch hat. Das lässt sich gut an seiner Körpersprache erkennen, die Sie bereits lesen können sollten.

Bei eigenmotivierten Hunden stellt die Spurherausnahme meistens kein Problem dar. Bei fremdmotivierten Hunde hingegen schon eher, da für diese die Belohnung durch die Versteckperson eine wichtigere Rolle spielt. Mit solchen Hunden werden Spurherausnahmen besser selten geübt.

Wenn Sie das erste Mal eine Spurherausnahme trainieren, sollten Sie unbedingt anschließend einen kurzen Trail mit einer Versteckperson machen, damit der Hund das Training nicht irritiert beendet, sondern mit dem gewohnten Ablauf und einem Erfolgserlebnis. Das ist besonders für fremdmotivierte Hunde wichtig.

Geruchspool

Eine weitere mögliche Herausforderung für das Mantrailingteam kann ein sogenannter Geruchspool sein. Es handelt sich dabei um eine Anhäufung von Geruch an einer bestimmten Stelle. Die gesuchte Person kann überall einen solchen Geruchspool hinterlassen, wo sie sich länger aufhält. Das ist auch der Grund, warum der Hund manchmal, wenn er die Versteckperson aufgefunden hat, zwar zu dieser hinmöchte, sie aber erst einmal umkreist. Da sie sich einige Zeit in ihrem Versteck aufgehalten hat, ist sie sozusagen von einem Geruchswall umgeben, den der Hund erst überwinden muss. Lassen Sie ihm hierfür Zeit und unterstützen Sie ihn gegebenenfalls dabei. Vergessen Sie nicht, eine kleine „Party“ zu feiern, wenn Ihr Hund es geschafft hat.

Selbstverständlich kann man zu Trainingszwecken auch irgendwo auf dem Trail einen Geruchspool erzeugen. Planen Sie dazu eine längere Pause für die Versteckperson ein. Sie kann beispielsweise gemeinsam mit dem Flanker ein Stück des Weges zurücklegen und sich dann auf einer Bank einen „Kaffee to go“ gönnen (hier hinterlässt sie nun ihren Geruchspool). Anschließend begleitet der Flanker, der während der Pause Zeit für andere Dinge hatte, die Versteckperson mit noch mindestens einer Abbiegung weiter in ihr Versteck. Dieses sollte vom Geruchspool aus nicht zu sehen sein, aber auch nicht zu weit entfernt liegen, damit der Hund nach der Bewältigung der neuen Aufgabe, vor die ihn der Geruchspool gestellt hat, recht schnell zu seiner Belohnung kommt.

Oft ist es übrigens weniger der Hund, sondern eher der Hundeführer, der mit einem Geruchspool Schwierigkeiten hat, meistens dann, wenn er weiß, dass es einen gibt. Er verhält sich aufgrund seines Wissens anders und kann so den Hund beeinflussen. Das zeigt noch mal, wie wichtig es beim Trailen ist, nicht selbst zu denken, sondern dem Hund zu vertrauen, ihn zu beobachten und seine Körpersprache zu lesen.

Sollte der Hund tatsächlich nicht eigenständig aus dem Geruchspool herausfinden, ist es an der Zeit, ihm aktiv zu vermitteln, dass die Spur hinter diesem „Berg" von Geruch weitergeht. Verfahren Sie ähnlich wie bei einem Spurabriss und führen Sie den Hund, begleitet von einem „Wir schauen mal da drüben", am Halsband und mit kurzer Leine zum möglichen Ende des Geruchspools. Dort bleiben Sie stehen und fordern ihn zur Weitersuche auf, wobei Sie ihm entsprechend Leine geben. Folgt er der Spur dann wieder, gehen Sie mit und loben ihn verbal. Führen Sie den Hund aber im Training nicht immer an die Stelle, von der die Spur tatsächlich ausgeht. Er soll nicht denken, dass der Trail immer dort weiterverläuft, wo Sie ihn hinführen, sondern lernen, selbst zu suchen. Wenn Sie selbst den Trailverlauf nicht kennen, brauchen Sie die Hilfe Ihres Flankers, um bei Ihrem Hund das richtige Verhalten zu formen. Er kann Ihnen sagen, wo sich der Geruchspool befindet und wo die Spur weitergeht.

Der Einfluss des Wetters auf den Trailverlauf

Beim Mantrailing spielt das Wetter oft eine wichtige Rolle. Während man beim Suchen frischer Spuren nur das aktuelle Wetter berücksichtigen muss, ist es bei älteren Spuren schon komplizierter, denn hier können in der Zeit, die vom Legen der Spur bis zu Suche vergeht, verschiedenste Wetterbedingungen Einfluss auf den Trailverlauf nehmen. Hat es beispielsweise geregnet, ist die Spur möglicherweise regelrecht verwischt. Auch Hitze kann den Geruch verändern oder sogar zu einem Spurabriss führen. Vor allem im Sommer werden Sie bemerken, dass eine Spur, die teils im Schatten und teils in der Sonne verläuft, vom Hund unterschiedlich wahrgenommen wird.

Insbesondere Wind kann den Spurverlauf erheblich verändern, indem er die Geruchspartikel verweht. So können etwa bei Kreuzungen viele Geruchspartikel in einen Kreuzungsarm geweht worden sein, obwohl die Spur tatsächlich in eine ganz andere Richtung verläuft.

Um sich Windverwehungen deutlich zu machen, gibt es unterschiedliche Möglichkeiten. Pusten Sie doch mal Seifenblasen in den Wind und schauen Sie, wohin diese getrieben werden. Auch Babypuder eignet sich prima als sichtbarer Ersatz für Geruchspartikel. Man sieht gut, wie es vom Wind umhergewirbelt wird, wo die Partikel anhaften und wo sich mehr oder weniger davon ansammeln.

Es kann also sein, dass der Hund neben der ursprünglichen Spur sucht, weil diese dorthin verweht wurde. Kennt man die Windrichtung, kann man den veränderten Spurverlauf erahnen.

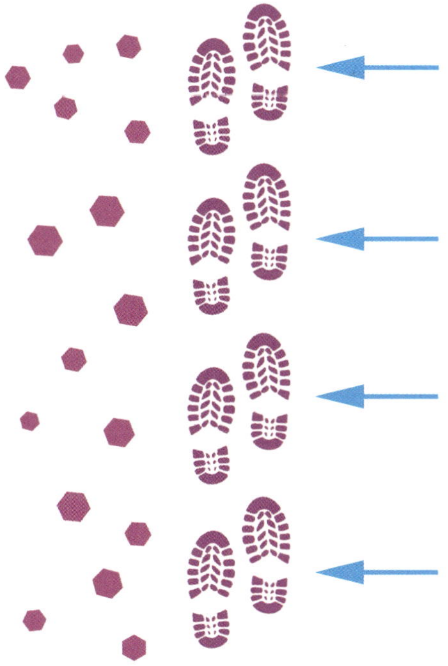

Die ursprüngliche Spur (Fußspuren) entspricht nicht der vom Hund verfolgten Spur (pinkfarbene Partikel), weil die Geruchspartikel vom Wind (blaue Pfeile) verweht wurden. (Abbildung: Harmke Horst)

Dokumentation von Trails

Die Dokumentation der ausgearbeiteten Trail ist sinnvoll, um den Überblick zu behalten und das Training individuell auf die Bedürfnisse des Teams anpassen zu können. Hier einige Tipps:

- *Führen Sie ein Trail-Tagebuch. Hier können Sie die Trailprotokoll-Kopiervorlage im Anhang integrieren.*
- *Filmen Sie Ihre Trails, beispielsweise mit einer Helmkamera. So können Sie anschließend in Ruhe die Körpersprache Ihres Hundes beurteilen. Wenn Sie sich von jemand anderem filmen lassen, können Sie auch Ihre eigene Körpersprache überprüfen und sehen, ob Sie irgendwo unabsichtlich geholfen haben.*
- *Zeichnen Sie zu Vergleichszwecken die ursprünglich gelegte Spur und den vom Hund gelaufenen Weg auf. Hilfreich sind hierzu Smartphone-Apps, die mithilfe von GPS Wege aufzeichnen können. Der „gute alte" Stadtplan oder eine Karte aus dem Internet (zum Beispiel von http://www.openstreetmap.de) tut es natürlich auch.*

(Foto: Harmke Horst)

DAS NEGATIV

Kurz gesagt bedeutet „Negativ", dass dem Hund am Start ein Geruchsartikel präsentiert wird, der den Geruch eines Menschen trägt, der noch nie an diesem Ort war, was der Hund am Start auch direkt anzeigt.

Mit dem entsprechenden Training kann grundsätzlich begonnen werden, sobald die Konditionierungsphase abgeschlossen ist und der Hund positive Trailverläufe, also solche mit zum Geruchsartikel passendem Geruch, bereits seit Längerem sicher und ruhig abarbeiten kann. Wann genau der richtige Zeitpunkt für das erste Negativ ist, hängt auch ein bisschen vom Charakter des Hundes ab. Mit eigenmotivierten Hunden kann man meist früher beginnen als mit fremdmotivierten Hunden.

Beim Training eines Negativs lernt der Hund, mittels seiner Körpersprache sehr deutlich auszudrücken, dass er gerade keinen Geruch hat. Das bringt vor allem bei Positiv-Trails Vorteile. Wie bereits erwähnt, zeigen Hunde hier häufig sogenannte weiche Negative, mit denen sie signalisieren, dass die Spur an einer Stelle nicht weitergeht. Durch die folgenden Übungen wird ihre Körpersprache auch in diesen Fällen klarer.

Sehr wichtig beim Training des Negativs ist, dass im Anschluss grundsätzlich ein Positiv-Trail durchgeführt wird, damit der Hund die Einheit nicht mit einem frustrierenden Erlebnis, sondern mit einem Erfolg beendet.

Weiche Negative erkennen

Der Begriff „weiches Negativ“ ist in den vorherigen Kapiteln bereits aufgetaucht. An dieser Stelle möchte ich das Thema noch einmal näher beleuchten. Wieder einmal geht es hier um das Lesen der Körpersprache des Hundes. Daran kann man nicht nur erkennen, ob der Hund sich auf der Spur befindet, sondern auch, ob er gerade keine Spur mehr hat. Das ist besonders bei Richtungswechseln, ob an T-Kreuzungen oder größeren Kreuzungen mit mehr als zwei möglichen Richtungen, sehr wichtig.

Weiche Negative zeigen Hunde beim Trailen schon sehr früh, etwa wenn sie in eine Einfahrt hineinlaufen und dann wieder herauskommen, weil der Geruch dort nur hineingeweht wurde und dann endet. Dieses Umkehren sollten Sie loben. Ihr Hund gewinnt dadurch an Sicherheit und wird das Verhalten immer deutlicher zeigen, was wiederum Ihnen als Hundeführer mehr Sicherheit gibt.

Ein weiches Negativ kann vom Hund durch einen sogenannten „Head-Turn“

Die Hundeführerin stellt sich neutral mit dem Rücken zur Hauswand, um den Rückweg für den Hund optisch frei zu machen. (Foto: Harmke Horst)

(Drehen des Kopfes) angedeutet werden. Oft ist aber erst klar, dass der Hund wirklich wenden möchte, wenn er auch seine Schultern mitdreht. Sind Sie sich bei den ersten Trainingseinheiten nicht sicher, bleiben Sie am besten stehen und schauen, was Ihr Hund macht. Holen Sie die Leine ein, wenn er zurückkommt, und geben Sie sie wieder aus, wenn er doch weiter geradeaus will.

Manche Hunde bleiben bei einem weichen Negativ anfangs einfach stehen. Für diese Hunde muss man als Hundeführer den Rückweg gut sichtbar frei machen. Dazu drehen Sie sich um 90 Grad herum (mit dem Rücken zur langen Seite des Weges). So nehmen Sie eine neutrale Haltung ein, die dem Hund deutlich zeigt, dass er an Ihnen vorbei wieder zurückgehen kann.

Das Negativ am Start

Für ein Negativ am Start wird ein Geruchsartikel von einer Person benötigt, die noch nie oder zumindest seit mehreren Jahren nicht an diesem Ort war. Zu Beginn empfiehlt sich eine extra vorbereitete Gaze, weil diese wirklich nur diesen ganz bestimmten Geruch trägt und nicht zusätzlich nach anderen Dingen wie Waschmittel riecht oder versehentlich mit dem Geruch anderer Personen kontaminiert wurde. Beides könnte den noch ungeübten Hund gerade beim Training eines Negativs sehr stark verwirren. Im ungünstigsten Fall stammt die Kontamination sogar von einer Person, die tatsächlich vor Ort ist oder war. Nähme der Hund diese Spur auf, würde er von seinem Hundeführer vom Weitergehen abgehalten, weil dieser nichts von der Kontamination weiß und von einem reinen Negativ ausgeht. Für den Hund wäre das völlig unverständlich, denn er hat ja eine Spur gefunden.

Sollen mehrere Hunde bei einer Trainingseinheit ein Negativ trainieren, empfiehlt es sich, für jedes Team einen eigenen Geruchsartikel bereitzuhalten, damit man nicht im Eifer des Gefechts selbst den Geruchsartikel kontaminiert und ihn anschließend ohne die Information über die Verunreinigung weitergibt.

EINSTIEG INS TRAINING

Beim ersten Training eines Negativs sollte der Hundeführer auf jeden Fall darüber informiert sein, dass er einen Negativ-Geruchsartikel erhält. Nur so kann er aktiv das richtige Verhalten seines Hundes formen und Fehler vermeiden.

Beim Start mit einem Negativ-Geruchsartikel führt man genau das gleiche Ritual durch wie beim Start mit einem Positiv-Geruchsartikel. Durch dieses Vorgehen lässt sich ausschließen, dass der Hund bereits anhand der Veränderungen im Ablauf das Negativ erkennt.

Hunde reagieren ganz unterschiedlich, wenn man ihnen das erste Mal einen Negativ-Geruchsartikel präsentiert. Einige bleiben stocksteif stehen und arbeiten gar nicht. Andere schießen genauso los wie bei einem Positiv-Geruchsartikel, weil bis jetzt immer eine Spur zu dem Geruch in der Tüte vorhanden war und sie einfach davon ausgehen, dass schon etwas zu finden sein wird.

Manche Hunde zeigen auch Übersprungshandlungen wie Kratzen oder Fiepen, und wieder andere drehen sich um und schauen ihren Hundeführer ratlos an. Hier muss man genau beobachten, um alle Zeichen des Hundes zu erkennen. Günstig ist wieder die Mithilfe des Flankers, damit nichts übersehen wird.

Bei den ersten Negativen, die trainiert werden, kann man jede dieser Handlungen belohnen, außer, wenn der Hund einfach startet. In dem Fall bleibt man stehen und lässt ihn noch mal überlegen. Er wird dann bestimmt eine der anderen Verhaltensweisen zeigen, die belohnt werden kann.

Ein Negativ sollte allerdings zurückhaltender belohnt werden als das Auffinden der Versteckperson bei einem Positiv-Trail, denn sonst bestünde die Gefahr, dass der Hund häufiger versucht ein Negativ anzuzeigen – schließlich bekäme er dann für viel weniger Arbeit die gleiche Belohnung. Packen Sie also nicht die große Futterbox aus, sondern belohnen Sie Ihren Hund verbal oder geben Sie ihm nur eine Kleinigkeit. Nach der Belohnung ziehen Sie Ihrem Hund das Geschirr wieder aus, als Zeichen dafür, dass die Arbeit mit diesem Geruchsartikel beendet ist.

ERWEITERTES NEGATIV AM START

Wenn man bereits einige Male ein Negativ trainiert hat, kann man den Hund mit dieser Übung vor eine neue Herausforderung stellen. Auch hierzu muss wieder ein negativer Geruchsartikel vorbereitet werden.

Am Start führen Sie das gewohnte Startritual durch und präsentieren Ihrem Hund den negativen Geruchsartikel. Zeigt er nun, dass er keine passende Spur gefunden hat, belohnen Sie ihn nicht sofort, sondern fordern ihn stattdessen auf, sich erneut zu vergewissern. Erst wenn er auch bei diesem zweiten Mal ein Negativ anzeigt, loben Sie ihn auf die zuvor beschriebene Weise. Ziel ist es, dass Sie Ihren Hund später im Kreis um sich herum checken lassen können, ob irgendwo eine passende Spur zu finden ist oder nicht.

ANZEIGE DES NEGATIVS

Als letzten Schritt im Negativ-Training können Sie noch eine klare Anzeige trainieren, also zum Beispiel ein Sitz. Sie können hierzu ruhig das gleiche Anzeigeverhalten formen, das Sie auch für die Anzeige der Versteckperson beim Positiv-Trail nutzen. Verwechslungsgefahr besteht nicht, weil der Hund das Verhalten in diesem Fall ja direkt am Startpunkt zeigt.

Wenn Sie bereits ein verbales Kommando für das gewünschte Verhalten haben, können Sie es im Training immer kurz vor der Belohnung nennen. Sie sagen also beispielsweise „Sitz", Ihr Hund setzt sich und wird dann erst gelobt oder

Nach dem ersten Anzeigen eines Negativs wird der Hund aufgefordert, sich noch mal zu vergewissern. (Foto: Harmke Horst)

erhält seine Belohnung für das Anzeigen des Negativs. Bereits nach einigen Wiederholungen wird Ihr Hund das Verhalten bestimmt von selbst anbieten.

HERAUSFORDERUNG FÜR SICHERE TEAMS

Um auszuschließen, dass Sie selbst Ihrem Hund irgendwelche Hinweise geben, die ihn ohne Einsatz seiner Nase auf ein Negativ schließen lassen, kann der Flanker Ihnen bei einem Trail, ohne Sie darauf hinzuweisen, einen Negativ-Geruchsartikel reichen, obwohl Sie von einem Positiv-Geruchsartikel ausgehen. Bei dieser Übung ist es besonders wichtig, dass der Flanker das Mantrailingteam genau beobachtet. Nur so kann er vermeiden, dass der Hund auf irgendeine, gar nicht zum Geruchsartikel passende Spur „gedrückt" wird, weil sein Hundeführer glaubt, dass dort etwas sein muss.

Selbstverständlich sollte der Flanker auch den tatsächlichen Positiv-Trail ausgelegt haben und den dazu passenden

Geruchsartikel bereithalten, damit der Hund diesen direkt im Anschluss an das Negativ ausarbeiten kann.

FRUSTRATION VERMEIDEN

Wenn man mit einem Negativ-Geruchsartikel trainiert ist es wichtig, den Hund nicht zu frustrieren. Das kann zum einen passieren, wenn der Hund nach der Anzeige des Negativs direkt wieder ins Auto gebracht wird. Diese Situation wäre für ihn recht unbefriedigend, da sein Einsatz sehr kurz war.

Frustrierend kann für den Hund auch sein, dass er nur eine kleine Belohnung erhält, während das erwartete Erfolgserlebnis und die große Belohnung beim Auffinden der Versteckperson ausbleiben. Daher schließt man an ein Negativ stets einen Positiv-Trail an. Sehr gut eignet sich hierfür der im Folgenden beschriebene Motivationstrail.

Schneller Erfolg garantiert – der Motivationstrail

Diese Form des Trails soll einfach nur Spaß machen. Hier darf der Hund, genau wie beim Einstieg in das Trailen, sogar zuschauen, wenn sich die Versteckperson mit seiner Belohnung entfernt. Dazu kann man ihm ruhig bereits sein Suchgeschirr anziehen. Der Motivationstrail selbst muss nicht lang sein, die Versteckperson sollte aber jedoch selbstverständlich außer Sicht gehen.

Wenn der Hund nun mit ein wenig mehr Geschwindigkeit losläuft, ist das okay, schließlich ist er dem Geruch dicht auf den Fersen. Bei der Versteckperson angekommen, erhält er seine Belohnung. Anschließend kann die Versteckperson ruhig noch einmal kurz verschwinden und erneut vom Team gesucht werden.

Manche Hunde wollen nach ihrem ersten Negativ auch beim anschließenden Positiv-Trail nicht so recht starten. Meist hilft dann ein wenig verbale Motivation. Sie selbst können sich dabei auch ein wenig auf der Stelle bewegen, um wieder etwas Schwung in die Suche zu bringen.

Wichtig!

Immer wenn die Suche nach einer Spur beendet ist, sei es direkt am Start mit einem Negativ oder nach dem Auffinden der Versteckperson, muss dem Hund das Geschirr ausgezogen werden. Soll sich dann ein weiterer Trail anschließen, wie der Motivationstrail nach einem Negativ, wird das Geschirr beim Startritual für diesen Trail wieder frisch angelegt. Nur so weiß der Hund sicher, dass es sich um eine neue Suche nach einer anderen Spur handelt.

(Foto: Harmke Horst)

ANHANG

Schlusswort und Danke

Es würde mich sehr freuen, wenn durch dieses Buch der Funke übergesprungen ist, und ich Sie für meine Leidenschaft, das Mantrailing, gewinnen konnte. Egal, ob Sie ausschließlich zur Beschäftigung trailen oder tatsächlich in die Ernstfallsuche einsteigen wollen, vergessen Sie nicht, dass der Spaß beim Training für Mensch und Hund immer im Vordergrund stehen sollte! Tauchen Sie nun also gemeinsam mit Ihrem Hund in die Welt des Mantrailings ein – ich wünsche Ihnen viel Freude dabei!

„Last but not least" möchte ich mich ganz herzlich bei meiner Mama sowie bei Ina, Christiane und Alun bedanken, ohne die Mantrailing für mich nicht das wäre, was es heute ist. Außerdem geht ein großes Dankeschön an die Mantrailingteams, die sich für die Fotos zur Verfügung gestellt haben.

Harmke Horst mit ihrer Mantrailerin Tick.

Datum: __________ **Ort:** __________ **Flanker:** __________ **Nr.:** ______

☐ bekannter Trailverlauf ☐ unbekannter Trailverlauf
☐ Positiv Trail ☐ Negativ-Trail
☐ keine Hilfe benötigt ☐ einmal Hilfe benötigt ☐ mehrmals Hilfe benötigt

Traillänge:	O bis 200 m O bis 400 m O bis 700 m	O bis 1000 m O bis 1200 m O bis 1500 m	O bis 1800 m O bis 2000 m O __________

Tatsächlich zurückgelegte Strecke des Mantrailingteams: __________

Untergrund/ Umgebung:	O Kleinstadt O Wald O Umgebungswechsel	O Großstadt O Wohngebiet O Untergrundwechsel	O teilweise Indoor O __________
Spuralter:	O frisch O 2 bis 4 Stunden O 5 bis 12 Stunden O 13 bis 24 Stunden	O 24 bis 36 Stunden O 37 bis 48 Stunden O 49 bis 72 Stunden O mehr als 72 Stunden	Spur gelegt um _____ Uhr am __________ (Datum) Spur gesucht um ____ Uhr am __________ (Datum)
Suchdauer:	________ min		
Alte vs. neue Spur:	O eine alte Spur kreuzt	O mehrere alte Spuren kreuzen	
Wetter:	**Temperatur:** O unter 0 Grad O 0 bis 10 Grad O 11 bis 20 Grad O 21 bis 27 Grad O mehr als 28 Grad	**Feuchtigkeit:** O Regen O Schnee O Nebel O Sonne O Wolken	**Wind:** O still O leicht O mittel O stark
Tageszeit/Licht:	O morgens O mittags	O abends O nachts	O hell O dunkel
Versteckperson (VP): ☐ VP bekannt ☐ VP unbekannt	O männlich O weiblich O Erwachsener O Kind	O sitzend O liegend O stehend O gehend	O keine VP
Geruchsartikel (GA):	O weicher GA O harter GA	O frische Gaze O GA-Kopie	O nicht kontaminiert O kontaminiert
Anzeige Hund:	O Sitz O Platz	O beim Hundeführer O springend	O __________ O keine
Differenzierung:	O ja	O nein	O falsche Anzeige
Verleitung:	O ja	O nein	O falsche Anzeige

Notizen: ______________________________

Kleines Mantrailinglexikon

Im Folgenden möchte ich für Sie einige wichtige Begriffe definieren, die Ihnen beim Trailtraining begegnen können. Einige haben Sie im Buch bereits kennengelernt.

Anriechen
Der Hund erhält am Start den Geruchsartikel und soll durch das Anriechen den Geruch des ihm präsentierten Artikels aufnehmen und abspeichern. Dazu wird in den meisten Fällen der Geruchsartikel in einer Plastiktüte präsentiert.

Anzeige
Im Verlauf des Trainings sollte jeder Hund eine Anzeige erlernen, mit der er zuverlässig zu verstehen geben kann, dass er die gesuchte Person gefunden hat. Häufig wird hier ein Sitz, Platz oder Bellen verwendet.

Differenzierung
Am Ende des Trails befinden sich zwei oder mehr Personen. Der Hund muss die gesuchte Person richtig identifizieren.

Dogtrail
Hier kennt der Hundeführer den Trailverlauf. Das ist bei neuen Ausbildungsinhalten sinnvoll, damit der Hund für richtiges Verhalten unmittelbar bestärkt werden kann.

Doppelblindtrail
Bei dieser Form des Trails kennt niemand, weder Mantrailingteam noch Flanker noch Beobachter, den Trailverlauf. Erst am Ende des Trails werden die Verläufe von gelegter Spur und gesuchter Spur verglichen. Dabei sollte man immer bedenken, dass die Verläufe abhängig vom Alter der Spur und den äußeren Einflüssen wie Wind und Wetter nicht unbedingt deckungsgleich sind.

Eigenmotivation
Sucht der Hund sehr eigenständig und mit Begeisterung, zeigt er eine starke Eigenmotivation, was bedeutet, dass es nur selten motivierender Unterstützung durch den Hundeführer bedarf.

Fremdmotivation
Das können motivierende Worte des Hundeführers sein, aber auch eine für den Hund sichtbar (und eventuell mit einer ebenfalls sichtbaren Belohnung in der Hand) weglaufende Versteckperson. So lassen sich Hunde motivieren, die wenig Eigenmotivation zeigen.

Generalisierung
Dieser Begriff bezeichnet die Festigung von Trainingsinhalten, indem sie in verschiedenen Umgebungen geübt werden. Ziel ist, dass sie später überall klappen.

Geruchsartikel
Das ist die Bezeichnung für Kleidungsstücke, Gaze (weiche Geruchsartikel) oder andere Gegenstände wie Taschenmesser (harte Geruchsartikel), die den Individualgeruch der gesuchten Person tragen.

Geruchspool
Bleibt die gesuchte Person an bestimmten Stellen länger stehen, etwa am Start oder auch unterwegs auf dem Trail, hinterlässt sie dort einen stärkeren Geruch. Weniger geübten Hunden fällt es manchmal schwer, sich aus dieser Geruchsansammlung hinauszuarbeiten.

Handlertrail
Bei dieser Form des Trails kennt der Flanker den Spurverlauf, nicht jedoch das Mantrailingteam. So kann der Hundeführer nicht versehentlich helfen, der Flanker jedoch bei eventuellen Schwierigkeiten unterstützend einwirken.

Kontamination
Wurde ein Geruchsartikel nicht ausschließlich von der gesuchten Person getragen beziehungsweise berührt, ist er mit fremden Gerüchen kontaminiert.

Negativ
Der mittels des Geruchsartikels präsentierte Geruch passt zu keiner Spur in diesem Gebiet.

Positiv
Der mittels des Geruchsartikels präsentierte Geruch passt zu einer Spur, die in der unmittelbaren Umgebung des Starts verläuft beziehungsweise beginnt.

Splitting
Die Versteckperson und eine weitere Person gehen vom Startpunkt gemeinsam weg, trennen sich aber unterwegs und gehen unterschiedliche Wege weiter. Der Hund soll natürlich der richtigen Spur folgen.

Spurabriss
Davon spricht man, wenn eine Spur unterwegs plötzlich endet. Spurabrisse können unter anderem durch Witterungseinflüsse verursacht werden.

Spurherausnahme
Hierbei wird der Hund vorzeitig von einer Spur genommen und vom Hundeführer belohnt. Spurherausnahmen werden häufig beim Suchen von älteren Spuren gemacht, an deren Ende sich keine Versteckperson befindet.

Startritual
Das wiederkehrende Ritual zu Beginn des Trails. In der immer gleichen Abfolge werden das Geschirr und die Suchleine angelegt, der Geruchsartikel gereicht und das Startkommando genannt.

HUNDE sind vielfältig, faszinierend und individuell, genau wie die Themen in **SitzPlatzFuss.** Autoren mit aktuellem Fachwissen und großer Praxiserfahrung schreiben für Menschen, die sich einen positiven Umgang mit ihrem Hund wünschen.

WWW.SITZPLATZFUSS.COM

Preise*:

Abo-Preis:
€ 45,00 für Jahresabo (4 Hefte)
€ 50,00 für Jahresabo + Sonderausgabe (5 Hefte) in Deutschland & Österreich
CHF 60,00 für Jahresabo Schweiz
CHF 65,00 für Jahresabo + Sonderheft

Einzelpreis:
€ 14,40 in Deutschland und Österreich und CHF 18,90 (Schweiz)

* Preisänderungen vorbehalten!

Abo-Bestellungen:

Cover Service GmbH & Co. KG SitzPlatzFuss-Aboservice, Herr Adriano Boi, Bajuwarenring 14, 82041 Oberhaching
Tel.: +49(0)89/85853-554, abo-service@sitzplatzfuss.com oder online auf der SitzPlatzFuss-Seite unter www.sitzplatzfuss.com

Einzelheft-Bestellungen:

im Cadmos-Verlag-Online-Shop auf https://bit.ly/2zvgQ2m bzw. via E-Mail unter vertrieb@cadmos.de oder telefonisch unter +49(0)89/45108510-11 (Martina Selinger)

Mit dem Abo gibt es Sonderpreise bei bestimmten Büchern, SPF-Webinaren und Vorteile bei unseren Kooperationspartnern.